全国中等职业学校职业素养教育系列教材

"以先进企业文化为导向的职业院校
职业素养课程开发研究"课题成果

U0646305

通用职业素养训练

史晓鹤 杨桂华 主 编

程 彬 陈 济 邢连欣 副主编

北京师范大学出版集团
BEIJING NORMAL UNIVERSITY PUBLISHING GROUP
北京师范大学出版社

图书在版编目(CIP)数据

通用职业素养训练／史晓鹤，杨桂华主编. —北京：北京师范大学出版社，2013.9（2018.7重印）
（全国中等职业学校职业素养教育系列教材）
ISBN 978-7-303-16784-5

I.①通…　Ⅱ.①史…　②杨…　Ⅲ.①职业道德—中等专业学校—教材　Ⅳ.①B822.9

中国版本图书馆CIP数据核字（2013）第172860号

营 销 中 心 电 话　　010-58802755　58800035
北师大出版社职业教育分社网　　http://zjfs.bnup.com
电 子 信 箱　　zhijiao@bnupg.com

出版发行：北京师范大学出版社　www.bnup.com
　　　　　北京新街口外大街19号
　　　　　邮政编码：100875

印　　刷：北京玺诚印务有限公司
经　　销：全国新华书店
开　　本：787 mm×1092 mm　1/16
印　　张：11.25
字　　数：273千字
版　　次：2013年9月第1版
印　　次：2018年7月第5次印刷
定　　价：22.80元

策划编辑：姚贵平　　　　　责任编辑：周　强
美术编辑：高　霞　　　　　装帧设计：天泽润
责任校对：李　菡　　　　　责任印制：陈　涛

版权所有　侵权必究

反盗版、侵权举报电话：010-58800697
北京读者服务部电话：010-58808104
外埠邮购电话：010-58808083
本书如有印装质量问题，请与印制管理部联系调换。
印制管理部电话：010-58800825

前　　言

　　全面提升中职生职业素养，是当前职业学校提高人才培养质量迫切需要解决的问题。伴随着职业教育人才培养模式的改革，加强内涵建设的需要，对中职生职业素养教育提出了更高的要求。教育部副部长鲁昕在第三届"中国职业教育振兴论坛"上的讲话中指出，要深刻理解"十二五"规划对职业教育改革和技能人才培养提出的新要求，要以培养学生综合素质为目标，重点加强职业道德教育，职业技能训练和学习能力培养。要提高职业学校人才培养质量，不仅要教给学生技能，还要提高学生的全面素质，更要提高学生做人的品质，要把学生的职业素养教育与技能教育更紧密地结合起来，把做事教育与做人教育结合起来。这是职业教育的本质要求。因此，对于我们现在的职业学校教育来说，培养学生的良好的行为习惯，培养学生的通用职业素养，在某种意义上，比技能教育更为重要。

　　全面提升中职生职业素养也是企事业用人单位对职业学校人才培养提出的迫切要求。企业希望进入企业的职业院校学生应该具备怎样的素质？北京市商业学校曾于 2010 年在北京市教科院职成所的大力支持下，开展了企业员工职业道德能力调查研讨会。专项调研使我们了解到许多毕业生上岗后，不能胜任工作的主要原因，不是缺乏专业知识和能力，而是缺乏与人沟通、与人合作的能力，职业意识、职业态度淡漠，无法在企业的环境里很快找准自己的位置，发挥自己的专业技能。现代企业和市场选择人才看中的不仅仅是学生的文凭和技能证书，更看中其是否具备综合职业素养。因此，要满足企业对人才的客观需求，必须加强学生职业素养教育，培养德能兼备的高素质现代职业人，这样才能更好地服务于企业和社会。

所谓通用职业素养，是指能够适应职业工作一般要求的基本素质，其重要特征在于跨专业、行业和跨地域的一般普适性，在于不仅针对专业要求，而且更突出作为职业人的一般素质，是职业人可持续发展的基本能力。通用职业素养包括了职业礼仪素养、职业心理素养、职业法纪素养，其核心是工作态度和情感素养。工作态度和情感也是职业人所应具备的工作价值观的外化。因此，通用职业素养训练实际上就是对学生进行工作价值观教育，通过训练，引导学生形成正确的工作态度和工作情感，提高自身的职业素养，增强可持续发展的能力，为获得幸福的生活奠定坚实的基础。

在多方调研和教育教学实践基础上，我们针对中职生的特点，开发了通用职业素养训练课程。本教程突出了实践性特点，试图通过强化训练，帮助中职生养成良好行为习惯，提升综合职业素养。为此，我们编写了配套教材。

本教材的特点是针对性强。针对新入学的中职生普遍存在的问题，突出了学生的基本规范的强化、校园礼仪的养成，人际关系的处理、健康审美能力的培养，目的是帮助学生实现从中学生到中职生的顺利过渡，使学生能自觉遵守、践行行为规范，养成文明礼仪习惯；正确处理学习和生活中的人际问题，建立和谐的人际关系；树立正确的审美观，用心发现感受生活中的美，提升审美能力。引导学生以准职业人的标准严格要求自己，实现做人、做职业人、做优秀职业人的顺利过渡，促进学生综合素养的提升。

本教材内容贴近中职生实际，包括三个单元的内容：其一是礼仪修养，强化学生基本礼仪规范的教育，重视职业人行为规范、规则意识的培养训练。明确学生在校园中升旗、课堂、就餐、集会等活动中的相关礼仪要求与行为规范，了解个人形象礼仪的标准、要求，使学生能自觉按照校园生活各种场合的礼仪规范和要求约束自己的行为，逐步养成良好的行为习惯，做知礼仪、懂规矩的合格中职生。其二是人际和谐，学会认识和悦纳自我，懂得如何正确处理同学关系、师生关系、亲属关系，理解和尊重差异，学会感恩，提高自控和抗挫折的能力，自信地面对学习和生活中的人际问题，做有爱心、善合作、身心和谐的中职生。其三是健康审美，通过拥有健康美、体验劳动美，发现自然美、捕捉生活美、欣赏美术美、感受音乐美的理解和训练，提高学生感受美、表现美、创造美的能力，培养健康的审美情趣，实现学生的全面、健康、可持续发展。

参与本教材编写的人员有：何建勇（第 1 课）、殷大勇（第 2 课）、李娅（第 3 课）、王蓉（第 4 课）、于飞（第 5、6、13 课）、郭峰、孙明利（第 7 课）、许音旋（第 8、16 课）、王珂（第 9 课）、许音旋、杨桂华（第 10 课）、胡健梅（第 11 课）、刘相俊（第 12 课）、郭峰（第 14 课）、刘相俊（第 15 课）。全书最后由杨桂华、王珂统稿。

由于理论水平的有限，教材的许多方面可能会不尽如人意，我们会在今后的教学实践中，进一步丰富、深化和完善教材的内容，欢迎读者予以批评指正。

编者
2012 年 12 月

目　录

第一单元

礼 仪 修 养

第一课　学生常规礼仪

"不学礼，无以立。"礼仪是一个人为人处世的根本，是一个人内在的文化、艺术、思想、道德素养的外在表现形式，是人们在各种社会交往活动中形成的，用以美化自身、完善自我、修身养性、敬重他人的约定俗成的行为规范与标准。

学生常规礼仪是学生在校学习生活中应遵守的基本礼仪规范，它可以帮助学生养成良好的行为习惯，塑造良好的个人形象，提升综合职业素养。

案例导入

"意外"的收获

不久前，电视台的一档挑战类栏目因为拍摄需要，邀请小东所在学校的100名同学到拍摄现场作为现场观众，另外还有两所学校也受到了邀请，大家都非常激动。

栏目在拍摄过程中，小东及同学们的服饰得体，仪态大方，而且积极主动，十分有礼貌，恰到好处地欢呼、鼓掌，该静则静、该动则动，受到电视台领导和员工的一致好评。另外两所学校同学的表现却令电视台的工作人员颇为反感，他们服装不整、大声喧哗、随意的小动作，甚至有时还有人说脏话、打口哨等。由于他们极差的表现，拍摄先后两次被迫中断。

拍摄结束后，电视台不但对小东的同学们赞赏有加，而且邀请小东和他的同学们参加另一档收视率更高栏目的拍摄。这真是一个意外的收获啊！

议一议

1. 小东和他的同学们为什么能够获得意外的收获？
2. 良好的礼仪举止在社会生活中的重要作用。

温馨提示

礼仪是儿童和青年应该特别小心地养成习惯的第一件大事。

——〔英〕约翰·洛克

人有礼则安，无礼则危。

——《礼记》

一、校园常用文明用语

语言是人类用以传承文明的工具，是人们喜怒哀乐的情绪表现方式之一，是人与人之间传递信息的载体，是沟通彼此的桥梁。在校园的人际交往过程中，恰到好处地使用礼貌用语，不仅可以表现出个人的亲切、友好和善意，还能够传递对交往对象的尊重，有助于交往双方产生好感，接受彼此。

※见面问候：您好、你好；早上好、晚上好；您好，见到您很高兴；你最近很忙吧！请转达我对他的问候。

※分手辞别：再见、再会；祝您一路顺风；请您多提宝贵意见，欢迎您下次再来！

※求助他人：请；请问；请帮帮忙；您现在方便吗？请帮助我一下；请多指教。

※受人相助：谢谢；麻烦你了；非常感谢！

※得到感谢：别客气；不用谢。

※打扰别人：请原谅；对不起；真不好意思，给您添麻烦了；让您受累了。

※听到致歉：不要紧；没关系；您不必介意。

※接待来客：请进；请坐；请喝水；很高兴再次见到您；欢迎光临！

※送别客人：再见；请慢走；欢迎再来。

※无力助人：抱歉；实在对不起；请原谅。

※提醒别人：请您小心；请您注意；请您不要着急。

※提醒行人：请您注意安全；请您注意来往车辆。

※慰问他人：您辛苦了；让您受累了；给您添麻烦了。

※赞美他人：您干得很好；太好了，真是太棒了；您真了不起。

※征询他人：我能为您做些什么吗？这样会不会打扰您？

您还有别的事情吗？请您让一让好吗？

※道歉时说：很抱歉！这件事实在没有办法做到；真不好意思；真对不起，让您久等了！对不起，打扰了！对不起，请稍候！

※回答他人：行，请您稍候；好，马上就来；您不必客气，这是我应该做的；不用谢，照顾不周的地方请您多多包涵；请您吩咐。

※组织集合：请大家自觉排队；请大家保持安静；请您排队，好吗？

※接打电话：（接）您好！我是×××，请讲话。（挂）好的，谢谢，再见。

※教室礼貌用语：（上课时班长喊）起立；（学生齐喊）老师好！（教师说）同学们好，请坐。

（下课时班长喊）起立；（学生齐喊）老师您辛苦了！（老师说）同学们再见！

［领导（老师）听课结束，临近的学生］请××先走。

（学生有问题，先举手，再说）请您再给我讲一次，我未听清楚。

（教师讲完后，学生说）谢谢您，老师。（教师向学生说）请坐。

（上课迟到，学生在教室门口喊）报告；（教师回答）请进。

（教师迟到，说）对不起。

［在教室遇到领导（老师），学生说］老师好！老师再见！

※办公室礼貌用语：（学生进入办公室，先敲门，再喊）报告！（教师回答）请进。

（学生接受教师递送物品，要用双手，并说）谢谢。

（教师与学生谈话结束时，学生向教师行鞠躬礼，并且说）老师再见！（教师应点头还礼）

※宿舍礼貌用语：（来宾来到房间前，先敲门，室内学生说）请进；（或说）对

不起，稍等。

（来宾进入宿舍，学生主动起立打招呼）老师（领导）好、你好！

（来宾离开宿舍，学生也应主动告别说）老师（领导）再见，或老师（领导）慢走。

（当来宾说）同学们请坐；（室内学生说）老师（领导）请坐。

（来宾跟学生谈话结束，起立离开时，来宾说）同学们再见。

（学生起立说）老师（领导）再见。

（同学见面，主动问候）你好；你早。

（用别人东西应说）谢谢；（打扰别人应说）对不起，打扰了。

相关链接

礼貌用语"顺口溜"

初次见面说"久仰"，分别重逢说"久违"。

请人批评说"指教"，求人原谅说"包涵"。

求人帮忙说"劳驾"，求人方便说"借光"。

麻烦别人说"打扰"，向人祝贺说"恭喜"。

托人办事用"拜托"，求人解答用"请问"。

中途先走用"失陪"，宾客来至用"光临"。

送客出门说"慢走"，与客道别说"再来"。

二、服饰、发型、仪表礼仪基本要求

1. 服饰

服饰反映了一个人文化素质的高低，审美情趣的雅俗。具体说来，它既要自然得体，协调大方，又要遵守某种约定俗成的规范或原则。着装不但要与自己的具体条件相符合，还必须注意客观环境、场合对人的着装要求，即着装打扮要优先考虑时间、地点和目的三大要素，并努力在穿着打扮的各方面与其保持协调一致。学生在校学习期间均要穿着校服，大方得体，不可穿奇装异服。佩戴首饰是成年人或者工作环境的需要，与学生身份不相符。学生应佩戴校徽、团徽和有教育、纪念意义的徽卡。

相关链接

　　小东是某中职学校计算机专业的学生，经学校推荐，到一家网络公司实习。他技术精湛，工作努力认真，就是穿着上太过时尚。他觉得自己是"90后"的新一代，穿着打扮就应该追时髦、时尚前卫，即使是穿工装，也要穿得像明星一样有"范"。他把头发染成黄色，还打上发胶，使头发一根根竖起来；衣领总是竖起来，衣服上挂着叮当作响的金属配饰；脚上穿着双尖头皮鞋。有一次，公司派他为一家老客户做机器检修，还未跨进客户家的门，对方就已经把电话打到公司要求换人了。对方的理由是小东打扮得花里胡哨的，像个小混混，这样的人来给贵重的机器做检修，实在是放心不下。公司只好再派其他员工来检修，小东也因此提前结束了实习。

2. 发型

　　男女同学均要做到不染发、不烫发。男生不留长发，做到前不过眉、侧不遮耳、后不戳领，不得使用发胶等定型用品；女生除在寝室外均要求束发，不得披肩散发。

男生标准发型

女生标准发型

3. 仪表

仪表是一个人精神面貌的外观体现。清洁卫生是仪容美的关键，是礼仪的基本要求。不管长相多好，服饰多华贵，若满脸污垢，浑身异味，那必然会破坏一个人的美感。因此，每个人都应该养成良好的卫生习惯，做到入睡起床洗脸、洗脚，早晚、饭后勤刷牙，经常洗头和洗澡，讲究梳理勤更衣。不要在人前"打扫个人卫生"，比如剔牙齿、挖鼻孔、掏耳朵、修指甲、搓泥垢等，否则，不仅不雅观，而且也显得不尊重他人。另外男女同学均不得留长指甲，女生不得化妆，指甲一律不得涂指甲油。

相关链接

仪表是素养和品位的体现

美国行为学家迈克尔·阿盖尔做过实验：当他以不同的仪表装扮出现在同一个地点，得到的反馈完全不同。当他身着西装以绅士的面孔出现时，无论是向他问路还是向他打听事情的陌生人都彬彬有礼，显得颇有教养；而当他装成流浪者模样时，接近他来吸烟或借钱的人以无业游民居多。尽管不能以貌取人，但人际交往之中仪表表达的意义胜过语言，完全可以体现出一个人的灵魂和内在品质。

三、站、坐、走、体态语言礼仪基本要求

1. 站姿

站立是人最基本的姿势，是一种静态的美。站立时，身体应与地面垂直，重心放在两个前脚掌上，挺胸、收腹、紧腰、抬头、双肩放松。双臂自然下垂或在体前交叉，眼睛平视，面带笑容。站立时不要歪脖、斜腰、屈腿等，在一些正式场合不宜将手插在裤袋里或交叉在胸前，更不要下意识地做些小动作，否则不但显得拘谨，给人缺乏自信之感，而且也有失仪态的庄重。

男生标准站姿   女生标准站姿

活动训练 1　站姿训练

班级学生每两人一组，分别进行下列两种训练。一人训练时，另一人参照训练要求对训练人进行考评，指出并纠正其不正确之处，训练 15 分钟后相互调换。训练时可以配上轻松愉快的音乐，调整心境，减轻疲劳感，使同学们在美的气氛熏陶中接受训练。

（1）靠墙训练

把身体靠着墙站好，使后脑、肩部、臀部、小腿肚、脚后跟都能与墙壁轻轻接触。假如有部分无法接触，那就说明站姿不符合要求。应按要求认真训练。

（2）顶书训练

保持正确的站姿，然后将一本书放在头顶正中，训练时书不能掉落。注意头部要保持平稳，同时双目平视前方，下巴微收，颈部挺直。

谈谈你的活动感悟：＿＿＿＿＿＿＿＿＿＿＿＿＿＿＿＿＿＿＿＿＿

＿＿＿＿＿＿＿＿＿＿＿＿＿＿＿＿＿＿＿＿＿＿＿＿＿＿＿＿＿＿＿＿

2. 坐姿

坐，也是一种静态造型。端庄优美的坐，会给人以文雅、稳重、自然大方的美感。正确的坐姿应腰背挺直，肩放松。女性应两膝并拢；男性膝部可分开一些，但不要过大，一般不超过肩宽，双手自然放在膝盖上或椅子扶手上。在正式场合，入座时要轻柔和缓，起座时要端庄稳重，不可猛起猛坐，弄得桌椅乱响，造成尴尬的气氛。不论何种坐姿，上身都要保持端正，如古人所言的"坐如钟"。若坚持这一点，不管怎样变换身体的姿态，都会显得优美和自然。

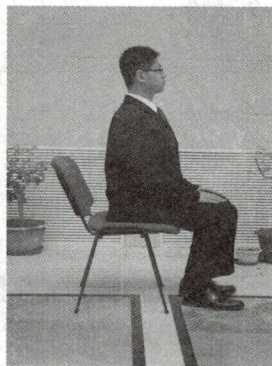

男生标准坐姿

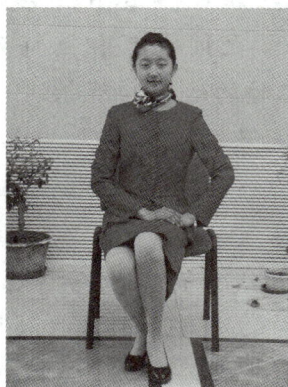

女生标准坐姿

活动训练 2　坐姿训练

班级学生分为若干组，每组 6～7 人，轮流按下列要求完成入座、起座、标准坐姿和长时间端坐训练。一人训练时，其他同学进行考评，指出并纠正其不正确之处。

入座、起座训练：入座、起座，姿态大方，动作轻而稳，避免发出声响。

标准坐姿训练：按坐姿规范要求进行，端坐后，可将一本书放在头顶正中，保持书平稳且不滑落。注意上体正直，颈部挺直，身体和头部要保持平稳，同时双目平视前方，下巴微收。

长时间端坐的训练：训练时间可设为 10～20 分钟。可配上优美悦耳的音乐，以减轻疲劳。

谈谈你的活动感悟：＿＿＿＿＿＿＿＿＿＿＿＿

＿＿＿＿＿＿＿＿＿＿＿＿＿＿＿＿＿＿＿＿＿

3. 走姿

行走是生活中的主要动作，走姿是一种动态的美。"行如风"就是用风行水上来形容轻快自然的步态。正确的走姿是：轻而稳，胸要挺，头要抬，肩放松，两眼平视，面带微笑，自然摆臂；在人员较多或通道较窄的场所不要并排走。

活动训练 3　走姿训练

班级中每一名同学根据下列走姿训练要求轮流在教室中进行走姿训练，教师用摄像机全程录像，然后在班中播放，让每一名学生观看自己的走姿，并对照走姿训练要求纠正不正确之处。同学之间也可相互评价，共同促进。训练时可配上节奏较强的音乐，掌握好走路时的速度和节拍。

双臂摆动训练：身体直立，以两肩为支点，双臂前后自然摆动，摆幅在 $10°～30°$ 之间。此练习可纠正双肩过于僵硬、双臂左右摆动不均或手臂不能自然摆动等毛病，使双肩摆动优美自然。

走直线训练：在地上画一条直线，沿直线行走，检查自己的步位和步幅是否符合要求。此练习可以规范走姿，还可以纠正内、外"八"字步，以及步幅过大或过小的毛病，保持步态的节奏感。

顶书行走训练：在规范标准走姿基础上，要求学生顶着一本书行走。此练习可以纠正走路时身体摇摆，或摇头晃脑、东张西望的毛病，从而养成行走时头正、颈直、目不斜视的好习惯。

步态综合训练：这主要在于训练各种动作的协调统一性。行走时，身体平衡，双臂摆动对称，各种动作协调一致。正确的走姿有助于体形健美。

谈谈你的活动感悟：＿＿＿＿＿＿＿＿＿＿＿＿

＿＿＿＿＿＿＿＿＿＿＿＿＿＿＿＿＿＿＿＿＿

4. 体态语言

体态语言主要包括微笑、鞠躬、握手、招手、鼓掌、右行礼让。

(1)微笑：是对他人表示友好的表情。微笑时不露牙齿，嘴角微上翘。

相关链接

微笑会给别人带来好心情

同学们，你们知道吗？微笑会给别人带来好心情。微笑是你对别人友好的表示，是你对他人给予的帮助的答谢，是一种无声的语言。清晨当你步入教室，见到老师和同学们时，你的微笑是带给大家最美好的问候。当你与同学之间因一点小事而闹矛盾的时候，微笑将会使你们冰释前嫌。微笑的作用很大，它是人际关系不可缺少的润滑剂。

记得我与好朋友小建一起打篮球的时候，因为一点小事争吵了起来，后来他好几天都不理我。有一天我在校园里碰见他了，就主动向他微笑，他也向我微笑。就这样，我们在彼此的微笑中互相谅解了对方，又像以前那样高兴地在一起打球了。微笑不仅能给人们带来好心情，而且更是化解矛盾、避免冲突的灵丹妙药。

(2)鞠躬：是下级对上级、晚辈对长辈、个体对群体的礼节。行鞠躬礼时，应脱帽、立正、双目注视对方，面带微笑，身体向前倾斜自然弯下 15°～30°，低头向下看。有时为了深表谢意，前倾可再深些。

相关链接

问候老师行鞠躬礼更礼貌

尊师重教自古以来就是中国的传统美德。"善之本在教，教之本在师"。教师是知识、伦理道德、价值观念的传播者，承担着"传道、授业、解惑"的责任，理应受到尊重，而向老师问好则是尊师最基本的体现。

某天上学早高峰，我们来到校门口进行观察，发现学生们见到老师时的表现各异：大多数都会主动问好，很多同学还能够做到鞠躬行礼；有部分人在看到老师迎面走来时绕道而行；有的学生一进校园就低头溜边快走，甚至，在老师主动叫他的名字时，才不情愿地回一声"老师好"。

学生要尊重老师，这种尊重首先体现在礼节上的尊重。见到老师要有礼貌，能够主动热情打招呼，与老师交往时行为举止要恭敬，见到老师要鞠躬行礼让路，同行时要让老师先行。另外，每次上课前主动做到把讲台擦干净，课间把黑板擦干净等小事，这能让老师体会到学生的细心。尊重还体现在与老师讲话时语气温和，语调平稳，不要指手画脚，身体要保持端正，双目注视老师，认真聆听，不可东张西望，不可将手插在口袋里，或两条腿随意晃动。这些看似简单的行为，体现了学生尊师的意识和受教育程度。如果青少年不能学会尊重他人，将来就不能融入社会，更得不到相应的尊重和认可。

（3）握手：与人见面或离别时最常用的礼节，也是向人表示感谢、慰问、礼贺或鼓励时的礼节。握手前起身站立，摘下手套，用右手与对方右手相握；握手时双目注视对方，面带微笑；一般情况下，握手不必用力，握一下即可；老朋友间可握得深些、时间长些或边问候边紧握双手；多人同时握手不要交叉，待别人握后再伸手，依次相握。

（4）招手：公共场合遇到相识的人或送别离去的客人，举手打招呼并点头致意。招手时手臂微屈，手掌伸开摆动。

（5）鼓掌：表示喜悦、欢迎、感激的礼节。鼓掌要有节奏、适时适度。

（6）右行礼让：在校园、上下楼梯、楼道或街道上行走时，靠右侧行进。遇到师长、客人、老、幼、病、残、孕进出房门时，主动开门侧立，让他们先行。

荀子说："人无礼则不生，事无礼则不成，国无礼则不宁。"学习礼仪知识是提高文明素养，建立良好人际关系，促进社会主义精神文明建设的重要内容。因此，同学们应从自身做起，从举手、投足、开口做起，塑造一个有文化、有修养、知礼仪、守规范的完美自我。

拓展阅读

"起绰号"引发同学矛盾

在学校中，一些语言伤害来自同伴。对于起绰号，有的同学会被激怒导致矛盾，甚至引发冲突，被起绰号的同学则会承受不同程度的心理压抑和痛苦。一年级学生小韩认为：同学之间不应互相起绰号；如果自己被同学起了绰号，其他同学会跟着叫，不仅会感到很难过，而且会影响同学之间的团结。虽说好的绰号听起来会觉得更加亲切，但有些绰号是贬义的，甚至用到了脏话。这样，对方会感到很反感，彼此也会渐渐疏远。

小说《水浒传》里的"浪里白条"、"智多星"等绰号，体现了对人的赞美，不仅受到欢迎，而且带给人一种愉快的享受。

因此，起绰号要具体问题具体分析，出发点是要尊重他人。拿他人的生理缺陷起绰号，抓住别人的缺点、差错不放，侮辱他人人格，都是对他人的不尊重。尊重他人是进入学校、进入社会的礼仪起点。

此外，同学之间开玩笑也要讲究分寸，注意场合，千万不要触到对方的短处或痛处。当被开玩笑的同学表示不满时，一定要及时停止，并立即安抚对方，表示歉意，以免伤害了同学的感情。

这样的"包装"不可取

小梅是我校三年级学生，其父母发现她越来越注意打扮了，而且一两个月才回家住上两天，这两天里至少有大半天在化妆。在学校，她也不像以前那样穿校服了，甚至偷偷把头发染了色。用小梅自己的话说，现在的企业特别在意员工的形象，自己马上就要走入社会了，不能再像学生那么土了，得赶紧接轨，把自己"包装"得时尚一点，提早为将来的求职做准备。

从此，小梅花在学习上的时间越来越少，整天忙着健身、美容、购物。功课越来越紧张，花销却越来越大，全身的"行头"非名牌不用。小梅的父母反映，她现在脾气越来越不好，动不动就顶嘴；生活费是以前的两倍多，还总是责怪父母太抠，不支持她将来的就业。

到了三年级下半学期开始找工作了，小梅似乎有了"用武之地"。但经过两个多月的奔波，她的同学基本上都落实了工作，只有她还在"等消息"。

现在就业压力很大，作为即将走入社会的同学，必须有自己的特长。虽然用人单位在意员工的外在形象，但那也只是同等条件下优先考虑而已。一个不尊重父母，不求上进、仅在乎外在"形象"的人往往不会给招聘者留下好的印象。

课外活动设计

1. 在班干部中设立礼仪委员，负责礼仪宣传教育、礼仪规范训练指导以及礼仪成绩考核等工作；也可成立礼仪考核小组，对同学的日常礼仪表现进行考核评定。

2. 以不同方式向曾经被自己伤害过的同学道歉(以书面、口头、电子邮件等形式)。

第二课　特定场所礼仪

　　学校是育人的场所，是同学们学习、生活娱乐的地方。有人称它是"神圣殿堂"，它的每个角落都应成为育人的优良环境。在礼仪培养过程中，环境的影响非常显著。我们不难发现，在和谐、健康、干净、整洁而优美的环境中，人们的不文明言行都会得到很大转变。因此，形成良好的校园礼仪文化氛围，对引导学生纠正不良行为习惯，提高文明礼仪修养是十分必要的。

案例导入

　　当前各类电子产品在学生当中逐渐普及，手机几乎是人手一部。对于他们，手机既是通信工具，又是玩具。某天下午的语文课上，老师在讲台上滔滔不绝，学生在座位上坐姿端正，很是认真。一眼望去，一群很听话的学生，时而低头思索，时而抬头望师，仿佛完全融入了课堂。其实这些"聚精会神"的学生做着同一个动作——低头发短信，抬头只是在等待下一条短信的到来。面对越来越多的课堂"拇指族"，老师和同学们更多的是反感。中专二年级学生小轩曾经很烦恼地对老师说："我的同桌整天手机不离手，无论是上课还是下课，总是在聚精会神地发短信，有时还突然笑出声来，不知道哪来那么多短信？有时还玩手机游戏，几乎没动过课本。虽然他把手机调到了振动，但是对我听课还是有影响。"学生使用手机并没有错，但是不应该把手机带到教室来，更不能打扰老师和同学上课，这样是不道德的。

议一议

1. 你认为手机可以带到学习场所吗？
2. 现实中我们应如何处理类似问题？

温馨提示

书山有路勤为径，悟道须在静中求——教　室
粒米虽小却不易，莫把辛苦当儿戏——餐　厅
左邻右邻左右邻，邻邻和气；上铺下铺上下铺，铺铺整洁——宿　舍

一、校园特定场所礼仪

校园特定场所礼仪是指在教室、办公室、图书馆、餐厅、宿舍、电梯等的特定场所应自觉遵守的律己、敬人的行为规范。

二、自觉遵守校园特定场所礼仪

遵守校园特定场所礼仪有助于提升个人职业素养。如果在校园学习生活中，时时处处都能以礼待人，就会让我们显得更有修养，起到内强素质，外塑形象的作用；还可以增进同学和师生之间的交往，对学习和生活都能起到很好的促进作用。

在校园的特定场所，自觉遵守礼仪规范能够产生美感，使人产生兴奋的情绪，从而出现积极的态度和行为，这有助于校园交往的审美化，形成和谐美好的校园风气，建立良好的人际关系；在遇到矛盾时，可以使问题大而化小，小而化无，做到共建和谐。

三、校园特定场所礼仪规范

(一)教室礼仪基本要求

教室是学习知识的场所，应该是严肃的，我们必须用教室礼仪来约束自己，这是对老师的尊重，也是对同学的尊重。

1. 上课

上课铃声一响，学生应端坐在教室里，等候老师到来；当老师宣布上课

时，应迅速整齐起立，向老师问好，待老师答礼后，方可坐下。学生应当准时到达教室，若因特殊情况迟到，应先在门口喊报告，得到老师允许后，方可进入。上课时要关掉手机或调为静音状态；要注意仪容仪表，穿着校服，禁止穿拖鞋，不得把食品、饮料带入教室。

2. 听讲

在课堂上要保持良好坐姿，认真听老师讲解，注意力集中，独立思考，重要内容做好笔记。老师提问时，应先举手，点到名字后方可起立回答；发言时，要立正站好，声音要清晰洪亮，并且要使用普通话。

3. 下课

听到下课铃响，若老师还未宣布下课，学生应当继续专心听讲，不要忙着收拾书本。下课时，全体同学仍需起立，向老师答谢后，与老师互道"再见"，待老师离开教室后，学生才能离开。

4. 爱护公物

在上课时，要爱护桌椅，不在上面乱刻乱画，坚决杜绝"课桌文化"。

相关链接

创建文明教室，构建和谐课堂之十项确保

- 确保教室设施绝对安全
- 确保各类教具充足齐备
- 确保教室环境干净整洁
- 确保上课听讲坐姿端正
- 确保回答问题积极有序
- 确保学生考勤准确翔实
- 确保桌上物品摆放整齐
- 确保校服发型徽卡到位
- 确保课前预习课后复习
- 确保课上课下文明守纪

（二）办公室礼仪基本要求

办公室是老师办公的场所，学生无事不得随意进出。

进办公室之前要先喊报告或轻敲门，待应答后方可进入。进入办公室后应首先向老师鞠躬问好，若老师正在和其他同学谈话或正在处理事情，在没有急事的情况下，应耐心站在一旁等待。

在和老师谈话时应注视老师，不做无关的事，不要随便打断老师讲话，也不要东张西望。在未经允许的情况下，不随便翻动老师的物品。

如果老师需要帮助，应主动征询老师意见："老师，我可以帮您吗？"在与老师结束谈话离开办公室之前，要先向老师鞠躬行礼，然后走至门前开门转身轻声将门关好后离开。

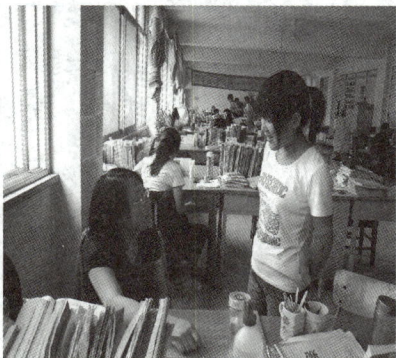

相关链接

程门立雪

我国宋代有位学者叫杨时。一天，他和另一位学者游酢冒着严寒同去向老师程颐求教。当他们看见老师正坐在堂上睡觉，为了不打扰老师，便恭恭敬敬地站在门外等着。过了很久，老师醒来看见杨时和游酢正毕恭毕敬地侍立在外面，连忙说："你们二位有什么事？快请进来吧。"此时，门外漫天大雪，地上积雪已有一尺多厚，杨时和游酢全身都白了。从此，"程门立雪"就成为尊敬老师的一个典故流传了下来。

（三）图书馆礼仪基本要求

图书馆、阅览室是学习的公共场所，在这里要特别讲究文明礼貌，切记不得影响他人。

保持安静：阅览室、图书馆是"无声的课堂"，保持室内安静是非常重要的，所以不要频繁地走动，更不要聊天、接电话，所有破坏阅览室安静气氛的声响都应降至最低。

爱护书籍：对待书籍，我们理应抱着一种爱惜的心态，更何况是公共图书。善待书籍，不仅是一种生活态度，更是对知识的尊重。要爱护图书报刊，应轻拿、轻翻、轻放，杜绝私自剪裁图书的不道德行为。借阅图书到期应及时归还，并保证图书完好无损。

安全健康：到电子阅览室进行阅读时，要严格遵守操作规程，注意安全操作、爱护电子设备，严于律己，不浏览不健康的网站。

相关链接

高尔基，前苏联大文豪，被列宁称为"无产阶级艺术的最杰出的代表人物"。他为了读书，受尽了屈辱。他10岁时在鞋店当学徒，没有钱买书，就到处借书读。那时的学徒，实际上是奴仆，需要上街买东西、生炉子、擦地板、洗菜、带孩子等等，每天从早晨干到半夜。在劳累一天之后，他用自制的小灯坚持读书。老板娘禁止高尔基读书，甚至到阁楼上把搜到的书撕碎。因为读书，他多次挨过老板娘的毒打。高尔基为了看书，什么都能忍受，甚至甘愿忍受拷打。

高尔基一生如饥似渴地读书，勤奋不懈地努力，写下了大量有影响的作品：《海燕》《鹰之歌》《母亲》《克里姆·萨姆金的一生》《童年》《在人间》《我的大学》。除此之外，他还写了大量的剧本、政论、特写和文艺评论等。

(四)餐厅礼仪基本要求

餐厅是全校师生用餐的场所，每个人都应遵守餐厅礼仪，共同维护文明和谐的就餐环境。

注意形象卫生：进入餐厅要穿戴整齐，不要穿背心和拖鞋入内，不可随地吐痰，也不要向地面泼水、扔杂物。

维护公共秩序：自觉排队，不代买，不抢座、占座，不大声喧哗，对生病或有困难的同学应主动给予帮助。在餐厅座位有限的情况下，应尽量加快用餐速度，多为他人着想。

爱惜粮食："谁知盘中餐，粒粒皆辛苦"。

尊重餐厅工作人员：餐厅工作人员为我们提供就餐服务，我们应当尊重他们，有意见和建议时要通过正确渠道反映，注意谦让和谅解，不得和工作人员发生争吵。

离开餐桌前，要确保就餐位置干净、整洁，将餐椅放回原位，然后将餐具和餐后垃圾分类放置到指定的回收位置。

相关链接

变相插队惹人烦

小东是一所学校新闻专业三年级的学生，他告诉记者，在学校食堂直接插队打饭的很少，可变相插队的不在少数。一次，他在食堂买饭，马上排到他了，但是排在他前面的同学帮刚赶过来的熟人连续带了7份饭，急着上课的他只好离开。变相插队虽方便了自己，却导致他人反感。生活中，排队不是硬性规定，而是一种约定俗成的规矩。食堂用餐、购物付款、乘车等，都需要自觉排队。

(五)宿舍礼仪基本要求

宿舍是同学们共同的家，也是反映同学们精神文明和礼仪修养的一个重要窗口，一定要格外重视。

宿舍要保持整洁、安静；主动做好值日卫生，搞好环境布置，自觉节约水电、爱护公物。

宿舍是同学们共同生活、休息的场所。在宿舍里，同学之间要相互尊重，相互关心，以礼相待，和谐相处。当同学生病或遇到困难时，要主动关心、照顾、帮助。与同学发生矛盾时，要学会克制，严于律己，宽以待人，友善沟通，达成谅解。遇到他人闹矛盾时要进行善意劝解，起到积极作用，劝解无效时一定要及时报告老师。

准时作息，自觉遵守各项宿舍管理规定，争创星级宿舍、和谐宿舍。未经许可不得随意进入他人宿舍，动用他人物品，坐卧他人床铺。使用洗手间要讲究卫生，注意礼让。

相关链接

宿舍里的文明礼仪

记得上学时，宿舍有位同学，由于他是学生干部，总是很忙，几乎每天晚上都回来得很晚。他回来后，很轻地打开门，轻轻上床睡觉，从没有打扰过我们的休息。有些同学却做不到这一点，他们回来也很晚，还唱着歌，又不带钥匙，一回来就敲门，敲门的声音一声比一声高。有时，他人已经熟睡了，回来晚的同学就一直敲门，时而加上喊叫声，个别的情况下还有大骂声，弄得整个楼道都不得安宁。有的同学回来很晚，来了以后还要洗洗涮涮，弄得声响很大，特别影响他人的休息。

(六)电梯礼仪基本要求

电梯门口如有很多人在等候，此时请勿挤在一起或挡住电梯口，应站在电梯门两侧，不要妨碍电梯内的人出来。电梯门打开时，应先等里面的人出来后再依次进入，不可争先恐后。当电梯关门时，不要扒门或强行挤入。当人数超载时，应谨记安全第一，不要心存侥幸，非上去不可。乘电梯时，应让老人、小孩、女士及需要照顾的人士优先进入。

伴随客人或长辈来到电梯门前时，先按电梯呼梯按钮。若客人不止一人时，可先行进入电梯，一手按"开门"按钮，另一手按住电梯侧门，礼貌地说"请进"，请客人们或长辈们进入电梯。进入电梯后，按下客人或长辈要去的楼层按钮。

电梯内要保持安静、清洁，不要大声讲话，不要谈论有争议的问题或有关个人的话题，更不能在电梯内吸烟、随地吐痰等。

在楼层快要到达时，应尽早等候在电梯门旁，不要等电梯打开时才匆忙出来。

当电梯在升降途中因故暂停时，要耐心等候，或拨打紧急求助电话，不要冒险攀援而出。

相关链接

不该忽视的举手之劳

在一所学校的教学楼里，由于是课间十分钟休息时间，乘坐电梯的师生比较多。当电梯门即将关闭的那一刻，张老师小跑着匆匆赶来准备去教室上课，由于电梯里没人替她按开门按钮，张老师被关在了门外。为此，她只好等下一部电梯。乘坐电梯时，可能因为你的一个很小的举动，就会给他人带来很大的方便。

活动训练 1　寻找身边的礼仪之星

根据本课内容，将全班同学分为六个小组，在课堂上分别设计出简要采访提纲，待课后分别到以上场所开展"寻找身边的礼仪之星"活动，并对身边的"礼仪之星"进行采访，将素材整理后带回课堂和大家共同分享身边"礼仪之星"的故事。

谈谈你的活动感悟：＿＿＿＿＿＿＿＿＿＿＿＿＿＿＿＿＿＿＿＿＿＿

＿＿＿＿＿＿＿＿＿＿＿＿＿＿＿＿＿＿＿＿＿＿＿＿＿＿＿＿＿＿＿＿＿

活动训练 2　情景短剧表演

根据授课需要，将全班同学分成若干小组，按照本课教学内容以小品、短剧的形式在教室、办公室、图书馆、餐厅、宿舍、电梯等情景依次进行表演；注重正面典型与反面案例的比例适中，情境要贴近同学们的现实生活，组织同学们边表演边观摩，启发同学们结合本课的知识点用心感悟。

谈谈你的活动感悟：＿＿＿＿＿＿＿＿＿＿＿＿＿＿＿＿＿＿＿＿＿＿

＿＿＿＿＿＿＿＿＿＿＿＿＿＿＿＿＿＿＿＿＿＿＿＿＿＿＿＿＿＿＿＿＿

活动训练 3　招募志愿者

在课堂上，根据本课所学内容，由老师统一组织，在全班开展"校园特定场所文明言行宣传志愿者"活动。首先由老师讲解此项活动的意义和志愿者的具体任务，将志愿者的服务实践分为体验式服务和长期服务；再根据报名情况，指导同学们在课堂上设计出志愿者的宣传方案和内容，待课下具体实施。志愿者活动开展之后召开活动感受交流会。

谈谈你的活动感悟：＿＿＿＿＿＿＿＿＿＿＿＿＿＿＿＿＿＿＿＿＿＿

＿＿＿＿＿＿＿＿＿＿＿＿＿＿＿＿＿＿＿＿＿＿＿＿＿＿＿＿＿＿＿＿＿

拓展阅读

餐厅见闻——平凡之中的感动

在多姿多彩的校园生活中，一些看似平常的礼仪随处可见，我也遇到过一件事。

在今年 3 月的一天中午，我们大家跟往常一样来到食堂用餐，饭厅里盆、勺、筷子敲击的声音很刺耳。吃完饭后，我端着餐盘走到装剩饭的大桶前，准备清理餐盘。旁边的一名一年级新同学，看到我后立刻停住，等我倒完了，他才弯下腰，用勺轻轻地将剩餐分类拨到垃圾桶里，并把勺放在勺盒中，没有发出一点声音，然后又从地上捡起了两张湿纸巾袋扔到垃圾桶里。

走出餐厅，回忆着刚才看到的那一幕，我深受感动。如果每个人都能像他一样，食堂内的噪声将会大大减少，就餐环境将会更加舒适。

开小会最伤老师心

上课遵守纪律，这个约定俗成的日常行为规范却被一些学生忽视，有的学生甚至还把公然违反课堂纪律当作个性的体现。其实，这些学生在放纵自己的同时却伤害了老师的心。一位教语文的张老师说："现在有的学生很聪明，领悟能力强，觉得自己听懂了，就开始不遵守课堂纪律，一会儿和旁边的同学说话，一会儿又接老师的话。老师除了要把课讲好，还要花更多心思在维护课堂纪律上，有时候真觉得力不从心。最重要的，大多数老师都认为课堂纪律不好会严重影响他们讲课的质量。"

另一位老师说："有时候，老师在讲台上正讲得投入，学生却在下面开起了小会，不知是在讲笑话还是在干什么，逗得周围同学哈哈大笑，一点儿不把老师放在眼里。此时我讲课的激情一下就全没了，感觉自己受到了伤害。"

宿舍和谐靠大家，友情之路你我他

人们常说，家是避风的港湾，其实，对于学生们来说，宿舍则是一片自由自在的天空，一个充满欢声笑语的乐园。宿舍里住着来自四面八方的同学，他们在平时的生活学习中会经历各种各样的事情，或感动，或快乐，或辛酸，这一并构成了校园里一道独特的风景线，也渐渐形成了一种宿舍文化。和谐的宿舍文化在某种意义上会促进和谐校园的建设。有梦的天空才绚丽，有爱的宿舍才温暖！宿舍，是同学们成长的地方，大家操着不同的乡音，从天南地北相聚而来，分到一个宿舍更是缘分。从陌生到相识到相知，大家倾听着彼此的心声，一起欢笑一起忧愁，成了亲密的室友。让我们一起努力，创造出属于我们的和谐宿舍，共同编织学生时代的斑斓之梦吧！

② 课外活动设计

1. 文明的言行，你我的心声

结合课堂学习内容，组织同学们针对不同的场所，每人编写出新颖、简洁、温馨的文明言行提示语。由老师分别指导，进行评比，同时联系学校宣传部门，将优秀的提示语做成温馨漂亮的卡片，张贴在相应的场所。

2. 许下一个庄严承诺，自觉践行礼仪规范

同学们发挥各自的想象力，自行设计一张自觉践行礼仪规范的"承诺书"。可以列举一些在教室、图书馆、餐厅等场所应有的言行，结合实际，自身的弱项一定要列出来，最后在上面庄重地签上自己的名字，贴在最醒目的位置，更重要的是要把这份承诺铭于心，践于行！

第三课 集会礼仪

校园生活丰富多彩,开学、升旗、毕业、庆典、颁奖、比赛、集会等各种活动均有严格的礼仪规范。会议接待是社交工作中最基本的形式,做到文明待客是表达情谊、体现素养的重要环节,在整个接待过程中,应遵循礼仪规范。

案例导入

国庆活动经历

某中职学校参加了国庆 60 周年集体舞第一次彩排活动。学校一共 100 名师生到亦庄开发区进行彩排,大家都非常激动。另外还有两个学校的同学属于同一方阵。

彩排开始了。某中职学校的同学们服饰得体,仪态大方,动作标准,互动动作有特色,而且非常积极主动,十分有礼貌,恰到好处地欢呼、鼓掌,该静则静、该动则动,受到市级领导的好评。

另外两个学校的同学们服装不整、大声喧哗、随意地小动作,甚至还有人随便说话、不听指挥等。由于他们极差的表现,彩排过程中先后两次被批评。

议一议

1. 不同中职学校的学生们获得了什么收获？
2. 表现差的两所学校的同学们，他们的问题出在哪里？你会像他们一样吗？

温馨提示

人无礼则不生，事无礼则不成，国无礼则不守。　　　　　——孔子

礼节及礼貌是一封通向四方的推荐信。

一、升降国旗礼仪

升国旗是一项严肃的活动，一定要保持安静，切忌自由走动，嘻嘻哈哈或东张西望。每个人的神态要庄重，当五星红旗冉冉升起时，所有在场的人都要立正，脱帽，行注目礼，直至升旗完毕。

降旗时要认真恭敬，在场人员行注目礼直至降旗完毕，旗手要将国旗仔细卷好，不可弄脏弄皱。

不在现场时，如果看见升降国旗或听见国歌响起，也应立即肃立，面向升降国旗方向，行注目礼，待升降国旗完毕后继续行走。

相关链接

北京市商业学校国旗仪仗队作为首都中职学校的唯一代表，参加了由市教委举办的"激扬爱国主义精神，展现首都学子风采"——首都高校国旗仪仗队升旗仪式检阅，与北京大学、清华大学等高校国旗仪仗队一同被评为"优秀国旗仪仗队"。每天清晨，他们护送的国旗在雄壮的国歌声中与朝阳一同冉冉升起。庄严的队伍、整齐的步伐、威武的军装、鲜

艳的国旗，还有什么能比这更能震撼人心？他们以"爱国旗、护国旗、敬国旗"为宗旨，以军人般的意志、军人般的纪律、军人般的动作、军人般的作风，展现了商业学校学子"朝气蓬勃，奋发向上"的精神风貌。他们感染和激励着每一名学生，高举爱国主义旗帜，弘扬爱国主义精神，激发爱国主义情感，抒发爱国主义情怀！

二、集会活动礼仪

集会在学校是经常举行的活动，一般在操场或礼堂举行，由于参加人数众多，又是正规场合，因此要格外注意集会的礼仪。

活动集队时，要静、齐、快，不勾肩搭背，不任意谈笑，要提前到达集合地点，以保证集会准时开始。

进入或离开会场时要服从指挥，遵守秩序，不一哄而上，不争先恐后，以免造成拥挤堵塞和防止事故发生。

应注意遵守会场纪律，不随便走动或发出声响，不做破坏会场气氛、影响集体荣誉的事。

集会过程中，学生应提前落座，恭候报告人到来。当报告人到来时，应立即安静下来，并报以热烈的掌声。在报告过程中，每个同学应端坐静听，不交头接耳，窃窃私语，不打瞌睡，不无故中途离席。报告人讲至精彩处时应鼓掌表示赞同；报告结束时，也应以长时间的热烈掌声表示感谢。

集会时如有上级领导参加，应在他们到达时以热烈的掌声表示欢迎；离场时应让领导先走，并以热烈的掌声欢送。

相关链接

英女王在苏格兰遭怠慢

据英国《每日邮报》7 月 2 日报道，英国女王伊丽莎白二世 1 日出席了纪念"放权"改革及苏格兰议会复会十周年庆祝活动并发表了历史性演说，但是女王却意外地遭受到了苏格兰政治家们的怠慢，三成以上苏格兰议会议员未到现场。

据悉，苏格兰议会共有 129 名议员，出席当天活动的仅有 81 名。活动组织者不得不安排了大约 15 名工作人员坐在议员们的席位上"充数"，以使整个议会大厅看上去人数众多。在 48 名未到场的议员中有 21 名来自苏格兰国民党，17 名来自工党。（摘自《武汉晚报》，2009 年 7 月 4 日）

三、会议接待礼仪

会议，通常是指将特定范围的人员召集在一起，对某些问题进行专门研究、讨论，有时还需作出决定的一种社会活动的形式。接待则是会议中一项经常性的工作。当今，人们彼此往来的活动日趋频繁，接待工作更讲究规范。在会议接待工作中，我们在礼仪方面要做到严谨、热情、周到、细致。

相关链接

热情待客的"三到"

"三到"指眼到，即目视对方，注意与对方的眼神交流和注视的角度；口到，即语言交流无障碍，避免出现沟通脱节；意到，即表情神态要热情，友善而专注，举止大方。

视线服务礼仪

1. 视线服务礼仪——交谈时要看着对方。
2. 视线要保持在社交范围内。
3. 视线要保持安全距离——即使你伸直手臂也接触不到对方身体的距离，这就是最安全的距离。
4. 眼神应充满亲切感。

令人不悦的服务表现

以下十种表现是会令访客不悦的服务态度，作为接待人员，一定要注意避免。

1. 当顾客进来时，假装没看见继续忙自己工作。

2. 一副爱答不理，甚至厌烦的应对态度。

3. 以貌取人，依客人外表而改变态度。

4. 言谈措辞语调过快，缺乏耐心。

5. 身体背对着客人，只有脸向着顾客。

6. 未停止与同事聊天或嬉闹的动作。

7. 看报纸杂志，无精打采打哈欠。

8. 继续电话聊天。

9. 双手抱胸迎宾。

10. 长时间打量客人。

迎接客人的三阶段行礼

国内通行的三阶段行礼包括 15°、30° 和 45° 的鞠躬行礼。15° 的鞠躬行礼是指打招呼，表示轻微寒暄；30° 的鞠躬行礼是敬礼，表示一般寒暄；45° 的鞠躬行礼是最高规格的敬礼，表达深切的敬意。

在行礼过程中，不要低头，要弯下腰，但绝不能看到自己的脚尖；要尽量举动自然，令人舒适；切忌用下巴跟人问好。

15°，轻微寒暄

30°，一般寒暄

45°，表深切敬意

迎接客人的三阶段行礼

上下楼梯的引导方式

爬楼梯引导客人时，如果女性穿的是短裙，那么不要在引导客人上楼时自告奋勇"请跟我来"，因为相差两个阶梯客人视线就会投射在你的臀部跟大腿之间。此时，应当真心诚意跟对方讲"对不起，我今天服装不便，麻烦您先上楼，上了楼右转"，很明确地将正确方位告诉客人就可以了。

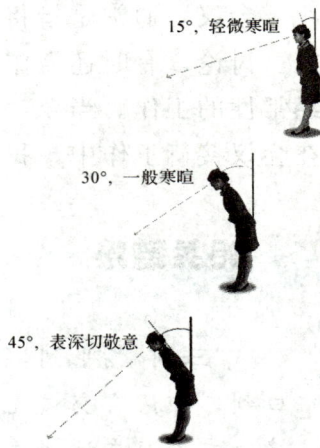

引领者（限女性）走在后面，客人
走在楼梯里侧，引领者走在中央，
配合客人的步伐速度引领。

引领者走在客人的前面，客人走
在里侧，而引领者应走在中间，
边注意客人动静边下楼。

活动训练 1　接待客人模拟训练

模拟会议接待操作训练。全班分为四组，每个项目 2 组。每组表演时，其余组编学生填写接待礼仪情景训练——自我成长收获分析表。

训练目标：熟悉、掌握接待的有关礼节能够正确运用礼仪规范。

训练方法：准备一些简单的办公家具，如茶具、茶叶、热水瓶、企业宣传资料等。

训练内容：一部分同学扮演来访团体成员，一部分同学扮演接待方成员，模拟演示一下情景，并记录自我成长收获分析表。

(1)在门口接待客人。

(2)引导客人前往接待室。

(3)引见介绍。

(4)招呼客人。

(5)为客人奉送热茶。

(6)送别客人。

接待礼仪情景训练——自我成长收获分析表

小组	项目	接待礼仪情景训练表现 （存在的问题或优、缺点）	得到的启示
1			
2			
3			
4			

大方适度的握手礼仪

当与访客握手时，一定要把握好度：握手时要保持手的卫生，要充分尊重女性和长辈，握手的力度要恰到好处，等等。总之，能做到表1所示的要求，就表示你已经基本掌握会议礼仪的知识。

握手时力度要适当，长辈先伸手晚辈后伸手，
勿用力紧握别人的手。女性先伸手男性后伸手。

表 1　握手时应注意的事项

	握手应注意的事项	原　因
1	女士与男士握手，不宜柔弱无力	否则会令对方不舒服
2	女性接待人员要会应对客人握手时的无礼行为	既能保护自己，又会给客人以稳重的感觉
3	与女性握手不宜太过用力	否则会令女性对这位男性产生厌恶
4	男士与男士握手，要在虎口交叉处互握，切忌在手指处握手	在手指处握手会令对方感到手指疼痛，在虎口交叉处互握，会令彼此没有感到压力

续表

	握手应注意的事项	原　因
5	初次见面勿用双手紧握着对方的手	否则会令访客产生不安的感觉
6	握着访客的手时，不宜左顾右盼与他人交谈	否则会让客人觉得自己没有受到尊重
7	不要做喧宾夺主的行为	否则会令领导对你产生不满的情绪
8	容易冒手汗的人，应先擦拭再伸出手	会令客人充分地感觉到被尊重
9	要保持安全的距离	否则会让客人对你留下不好的印象
10	握手时适当鞠躬（我国应用的是国际通用的轻轻点头示意），同时要带着亲切的笑容	充分表示出对客人的尊重
11	不要过于用力摇晃对方的手	会令对方感到头昏脑涨
12	女士先伸出手，男士才可伸手	要尊重女性
13	长辈先伸出手，晚辈才可伸手	要尊重长辈
14	男性主动握手女性应还礼	会形成良好的互动
15	以右手与访客握手，左手自然下垂在左大腿侧	会给客人留下一个很稳重的印象

活动训练2　会议礼仪模拟训练

训练方法：分两组让同学进行情景表演，其中一组表演，另外一组仔细观察，并记录对方在情景演示中存在的问题。

训练内容：根据本班的专业设计场景，情景是要进行会议或礼节性互访。

会议礼仪模拟训练——自我成长收获分析表

小组	项目	会议礼仪情景训练表现 （存在的问题或优、缺点）	得到的启示
1			
2			
3			
4			

拓展阅读

奉茶与接待

接待客人必不可少的一项服务就是奉茶。饮茶是我国的传统，小小一杯茶蕴涵着博大精深的中国文化。一名优秀的接待人员，一定要学会用适宜的方法（表2）为客人奉茶，通过奉茶的礼仪展现个人良好的专业素养。

表 2　奉茶与接待的方法

	奉茶与接待的方法	原　因
1	依季节选择适合的茶饮	不同的季节有不同的饮茶习惯
2	杯缘勿以手指拿捏	手指会将杯口弄脏，会给客人不卫生的感觉
3	两杯以上要使用托盘端茶	用托盘递茶可以避免引起"右尊左辅"的传统说法，从而避免不必要的误会
4	托盘勿置于前胸	托盘离呼吸器官太近，容易造成污染
5	在杯子下半段二分之一处，右手在上，左手在下托着茶杯	手会将杯口弄脏
6	将茶杯搁置在客人方便拿取之处	避免茶水被打翻
7	咖啡杯应先将汤匙、糖包、奶油球放置在杯碟上再端给客人	避免客人来回取用所需物品
8	女性要注意奉茶仪态	否则，会无意将自己的隐秘部位暴露给客人，给自己带来不良影响
9	要先给主宾和其同事奉茶，最后给本公司的人员奉茶	充分表现出对客人的尊重
10	空间不便时的奉茶法即依照顺时针的方向把茶水端给客人，最后是自己的单位人员	当不知道哪位是主宾的时候，用这种方法奉茶不会得罪客人
11	加水动作即先将茶杯拿到桌子的拐角处后再加水	避免万一水溢出杯外将桌上的资料弄湿
12	搁茶杯方法即先将小拇指压在杯底再放杯	可以将干扰源降到最低限度的范围之内
13	在托盘内准备一张湿纸巾或干净的小毛巾	万一茶水溢出来可以尽快将其处理掉，不会弄湿客人的资料

课外活动设计

1. 结合本单元所有所学知识点，按照礼仪规范约束自己的言行。进行自我检查一周，自定监督人并记录违反礼仪规范的行为（制作礼仪规范自我检查表）。

2. 自学拓展阅读中的奉茶与接待，四人一组，互相进行奉茶礼仪，并拍成照片或视频。下次课中展示个别组的奉茶礼仪照片或视频，总结第一单元的相关知识点，从而引出第二单元的第一课"认识自己"。

第四课　个人形象礼仪

形象是一个人学识、修养、气质和品位的展示，它通过一个人的着装、发型、表情、姿态、语言和行为方式等自然流露出一种内外统一协调的气质。它反映一个人的修养，又影响着一个人的发展。为了更好地适应社会发展，个人必须实施有效形象塑造来展现自己的形象美。

案例导入

一天，许先生与朋友小聚，来到某知名酒店，接待他们的是一位五官端正、清秀的服务员。尽管她服务工作认真、细致，但是由于精神状态不佳，显得无精打采的。许先生看到后觉得心情不佳，仔细观察后才发现，这位服务员没有化工作淡妆，发型有些凌乱，在餐厅的光线下显得病态十足。上菜时，许先生又突然看到传菜员的指甲油缺了一块，他的第一反应就是"不知是不是掉到我的菜里了"。为了不惊扰其他客人用餐，许先生没有将他的怀疑说出来。用餐结束后，许先生请服务员结账，而服务员只顾照着镜子修饰自己的妆容，丝毫没有注意到客人的需要。自此以后，许先生再也没有去过这家酒店。

议一议

1. 为什么会出现这样的结果？

2. 这个故事告诉我们什么？

温馨提示

大家都说不可以以貌取人，不过的确大家都是以貌取人的，也因此我很注意我的外表形象，我期许自己每一天都以最佳形象来展现。

——〔英〕撒切尔夫人

形象是人的精神面貌、性格特征等的具体表现，并以此引起他人的思想或感情活动。每个人都通过自己的形象让他人认识自己，而周围的人也会通过这种形象对你做出认可或不认可的判断。这种形象不仅包括人的外貌与装扮，而且包括言谈举止、表情姿态等能够反映人的内在本质的内容。

一、形象美的内涵

一个人的形象表现在两大方面，即内在特征和外在形象。人的内在特征指的是一个人的思想情操、气质修养及文化素质等；人的外在形象除了五官及形体特征外，还有服饰搭配、面部修饰（化妆）及发型等。

"美是形象的显现"，树立形象美是人们不断提高个人修养的过程，是良好素质的一种自然表露，形象美是人们品德修养和知识素养在言谈举止中的自然流露，只有包含了内在的美好情感，才能真正传达出美意，才能有打动人心灵的力量。

观察下面的图片，你认为哪种形象是美的，为什么？

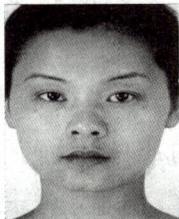

想一想，成功的个人形象塑造应从哪些方面考虑？

二、仪容仪表打造你的第一印象

塑造出令人赏心悦目的形象，是展现个人形象之基础。一个人的形象是一份特殊的资产，美好的形象更是无价之宝。个人形象是一个人的外表与内在气质的统一，形象美是一种和谐之美。个人的整体形象凭借个人的仪表、仪容、仪态来衡量。

仪表，即外表，主要包括人的容貌、姿态、服饰等。从狭义上讲，仪表美包括仪表的自然美和仪表的修饰美两个方面，它是一个人外在形象的主要展现。从广义上讲，仪表美包括仪表的自然美、仪表的修饰美和仪表的内在美三个方面。

（一）仪表的自然美

仪表的自然美主要指人体外观的自然美。五官端正、肤色健康、身体各部位比例匀称，是构成人体自然美的三个基本要素。五官端正，是指面部五官分布均匀，"三庭五眼"布局合理。"庭"是指额头。"三庭"一般是指脸部的长度为三个额头宽度。"眼"即眼睛，也就是说脸部的宽度是五只眼睛的长度。肤色健康，是指皮肤颜色健康。健康的皮肤或白皙，或红润，或黝黑，但要光滑、亮泽。

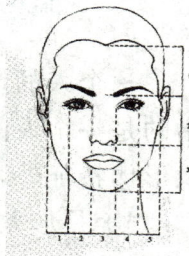

（二）仪表的修饰美

仪表的修饰美是一种创造之美。人们可以通过对容貌的适当修饰、对服装的合理选择，使自己的仪表给人以审美上的愉悦。

（三）仪表的内在美

仪表的内在美是仪表的深层次的美，是仪表美的质的层面。心灵美与仪表美是相亲相容不可分割的，只有它们互为表里、相得益彰，才是最完美的。

三、仪容的修饰

仪容即人的容貌，是个人仪表的重要组成部分。容貌修饰不仅是个人的爱好和需要，更体现了个人对他人、对社会的尊重。精致的化妆能改善个人的精神面貌及风格，更可以加深他人对你的印象。面部是人际交往中为他人所关注的焦点，在职场中欲使自己从容、自信，就应注重面部修饰。

（一）女性化妆

化妆可以提升自己的气质和增加自信，在职场中，是尊重自己的职业，同时是一种尊重他人的表现。女性在职场中应着淡妆，淡妆的主要特征是清丽、素雅，具有明晰的立体感。

案例导入

小华和小丽是一所美容学校的学生，初学化妆非常兴奋，走在大街上，总爱观察别人的妆容。

一位中年女性没有做其他的化妆，只涂了唇膏，而且是很艳的颜色，只突出了一张嘴。另一位女性的妆容看起来很漂亮，可惜只局限于脸部，脖子却黯然失色，脸和脖子之间好像有明显的分界线，像戴了面具一样。还有的女性用粗的眼线将眼睛轮廓包围起来，像个"大括号"，看上去显得生硬、不自然。

议一议

1. 本案例对你有什么启示？自己化妆时应注意哪些问题？
2. 如果公司没有作规定，上班还用化妆吗？

相关链接

化妆的原则

（1）化妆要自然。妆成有似无，如唇彩的颜色选择应考虑服饰、肤色的搭配，眼影应自然过渡。（2）化妆要美化。庄重保守，不追求时尚前卫，要符合常规审美标准。（3）化妆要避人。不要在公众场合化妆，确实需要补妆应到卫生间或转过身避开视线迅速完成补妆。（4）化妆要分场合。一般情况下白天宜淡妆，晚宴或重大活动可浓妆。有时，过浓的妆会使人对化妆者的品位和身份产生怀疑。（5）不要评论他人的妆容。（6）不要借用他人的化妆品，因为这既不卫生又不礼貌。（7）给皮肤做好基础的保养。

化妆前　　　　　　　　　化妆后

(二)男性美容

从工作角度来说，女性不化妆，男性不修面，都会被对方理解为不受尊重。因此，作为职业人来说不可掉以轻心。

男性修面，包括清洗面部、使用护肤品、无色唇膏和美发定型等几项内容。

清洁面部。就是去除脸上的污垢，保持面部干净、清爽。同时，仔细检查鼻孔、眼角是否洁净。

使用护肤品和无色唇膏。主要功能是保养皮肤，使之更为细腻、滋润。使用者要根据自己皮肤的情况和使用时间来选择使用。无色唇膏，主要是在冬季或干燥季节时使用，用于滋润嘴唇，防止爆皮、开裂。

(三)发型修饰

美发的礼仪，是装束礼仪中不可缺少的部分。发型是构成仪容的重要组成部分。通常情况下，人们观察一个人都是从头开始的。发型修饰就是在头发保养、护理的基础上，修剪一个适合自己的发型。形象专家指出："每当人们与一位商务人员初次相逢时，最追忆对方的，大都是其发型、化妆、着装等方面。"

注意头发的清理。重视头发的梳理，重视头发的保养。

注意头发的装饰。不论是修剪还是选择造型，都必须以庄重、典雅、大方为主要风格。

职业女性发型的选择。短直发：要稍微长一点，前面的刘海要留意，切忌蓬乱。长直发：注意保持长发的干净和光亮。

每一个人在生活中、职场上，都不可忽略仪容修饰的作用。有比较好的形象力，就会使别人产生信赖感，促成合作，更有效地达成个人的目标。

拓展阅读

1. 常用的化妆工具有哪些呢？

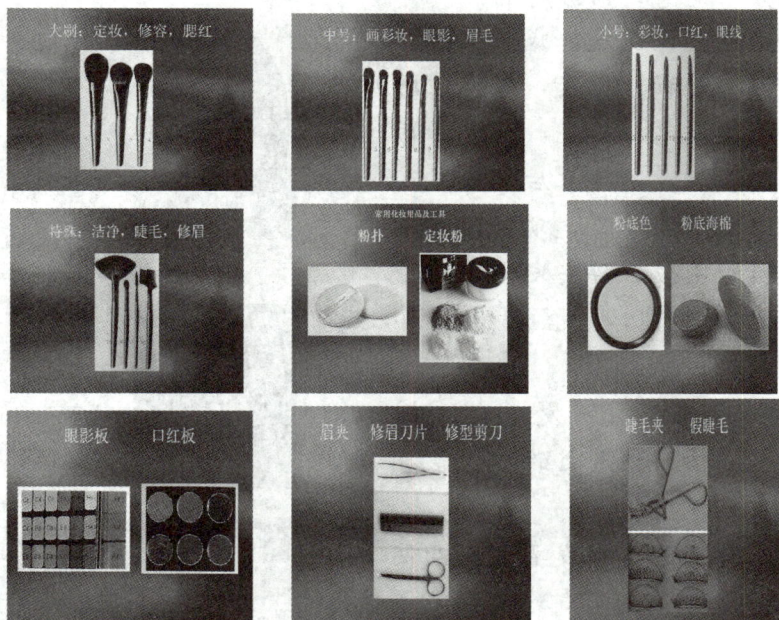

其他用品：涂眼影用的棉签以及必要的卸妆棉等。

2. 脸型与发型的搭配

脸型的分类：圆形、长形（方形）、倒三角等。

女性圆脸型。短发，集中在头顶，特点是显得精明干练；短、直偏发，拉长脸部，自然时尚；侧分中长发，直斜型，超短碎发，圆脸拉长，活泼精致；直长发，刘海齐，掩盖脸部圆胖的感觉。

男性圆脸型。短曲发，适合发少疏的人，增加发容量，成熟感强；直竖毛寸头，减弱圆的感觉，增加威严感；将发根直立起，发尾压平，给人一种魄力感觉；短碎感，留有部分长刘海，活泼时尚。

女性方形脸。偏短发，减弱生硬、威严感觉，体现温柔神秘；短发，微烫，增加层次感，发式前流，包住脸庞，活泼新颖；碎长直发，时尚。注意不要往后梳头发。

男性方形脸。国字脸，顶要圆，不可扁平，显得严峻、刚毅；碎尖发型，外轮廓修成圆形；中短碎发型，遮盖上面方角，适合个子高挑的人。

女性倒三角形脸。头发压扁，突出瓜子脸，头发后梳；有层次的短发，外翻，动感，现代。

男性倒三角形脸。顶发要圆，两侧窄，可由中分界。

女性长形脸。短到腮部，额头刘海，增加两侧容量。

男性长形脸。不要留短发，要遮盖额头，两侧蓬松。也有特殊情况下的发型修饰，如主持人李咏，他的脸型偏长，但由于年龄的关系不能有刘海，只能通过增加头发的卷曲度把脸型进行横向扩展，以此方法来使脸部缩短，达到接近协调的脸部比例。

四、服装服饰的搭配

服装是人类心灵的一面镜子，服饰影响着每个人的穿着打扮，展示着自我的审美力，表现着自身独特的内心世界和个性特征。在职场中，服装服饰应该以大方、得体、整洁的形象出现，给人以美感，把高贵和尊贵的印象留给对方，这就是最佳着装。

案例导入

小雨要去一家外企公司进行面试，为确保万无一失，她进行了精心的打扮。一身时尚前卫的衣服、时尚的手环、造型独特的戒指和亮闪闪的项链、耳坠，使得身上每一处都是焦点。和她同去的女孩相貌平平，条件也不如小雨好，小雨更觉得自己胜券在握。结果出乎意料，小雨并没有被这家外企公司聘用。

议一议

1. 小雨的服饰装扮是否影响其面试结果？
2. 从中我们受到哪些启发？

温馨提示

一个人的穿着打扮，就是他的教养、品位、地位的真实写照。

——〔英〕莎士比亚

形象美，不光是把自己打扮得美丽、英俊，最主要的是要做到自身发型服饰、气质、言谈举止与职业、场合、地位以及性格相吻合。

服饰能反映出人的审美情趣、道德修养和文化素养等，因此在不同的场合应有不同的搭配，尤其在职场中更要把握好着装的原则。

五、职场着装的原则

只有遵循一定的着装原则，才能穿出得体、和谐的服装效果。

(一)要符合自己的形体特点

服装的美是以人体的美为基础，服装款式的选择应依穿着者的形体特点而定，才能产生良好的视觉效果。

(二)要符合自己的肤色特点

要根据自己皮肤的特点，来选择服装的颜色，以达到映衬和改善肤色的目的。

(三)要符合环境与场合的要求

不同的场合有不同的服饰要求，只有穿着与环境气氛相协调的服装，才能产生和谐的效果，达到美的目的。

(四)要符合社会角色的要求

社会心理学家认为：不同的社会角色，必须有不同的社会行为规范，在服饰穿着方面也是如此。所以一个人无论出现在哪里，无论在干什么，都要先弄清楚自己扮演的角色，然后为自己挑选一套适合这个角色的服装。

(五)要考虑色彩的搭配和组合

选择服装色彩既要注意到身材、肤色、环境、场合，又要考虑到色彩本身的搭配规律，在服装配色中，同类色相配较为简单，使用不同颜色组合时，要根据色彩各自不同的性质加以选择。

欣赏图片，请你说说下列服装都属于什么类型的服装？适合哪些场合穿着？

想一想，在日常生活中，你还能列举出哪些不同场合的服装？

服饰的 TPO 原则：即要求服饰因时间（time）、地点（place）、场合（occasion）的变化而相应变化。

因时间变化是指每天的早上、日间和晚上，春、夏、秋、冬各不相同，应随着人们的心理生理因素、气候条件和自然背景变化，选择与之协调适应的服饰；因地点变化是指着装要与环境协调一致。西装革履在雅致的办公室非常相宜，休闲运动服在户外穿着体现健康朝气；因场合变化是指服饰要与一定的气氛相一致，不同的场合和气氛，如上班或居家，喜悦或悲伤，热烈或严肃等，都要有与之相适应的着装规则。

六、男士职场着装

西装：统一色调；裁剪合身，讲究面料和条纹；衣长过虎口；袖子不能覆盖衬衣的袖子，伸出手可以露出 2cm 的衬衣袖子；西裤裤线要清晰，没有褶皱；西裤长度要盖住袜子和皮鞋；鞋子的颜色要比裤子深，袜子颜色要以深色为主；不要在西裤里放鼓鼓的物品。

衬衣：干净，整洁；白色衬衣必备（尽量搭配西装），粉色系列凸显性格和青春，也可考虑粉红、粉蓝、粉紫等；单独使用的衬衣，要精致、有暗纹。

领带：系法有温莎、马蹄、亚伯特王子、双十字等；不同颜色表现出不同的性格，适合于不同的场合；质地以丝质、仿真丝为主；长度盖住皮带扣。

相关链接

领带的系法

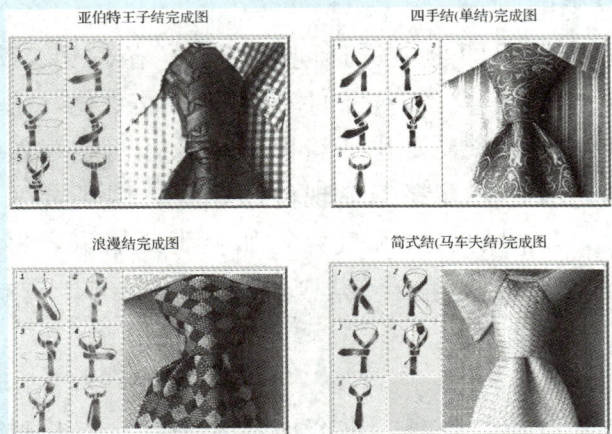

亚伯特王子结完成图

四手结(单结)完成图

浪漫结完成图

简式结(马车夫结)完成图

七、女士职场着装

职场女士在形象塑造上，西装套裙功不可没，迄今为止还未有其他任何一种女装可以替代西装套裙。套裙的穿着要注意以下几点：

长短适度。长装显得飘逸潇洒、高雅漂亮；短装显得简洁明快、充满活力。上衣的最短处可以齐腰，但不能再短；下衣最长可至小腿中部，但不宜再长。千万注意，穿着时不能露腰、露腹，否则极不雅观。

衣扣到位。上衣的扣子一定要到位，如此才会显出女性的端庄典雅。

穿好衬裙。穿西装套裙，多数时候应穿衬裙，尤其是穿丝、麻、棉等极薄型面料套裙时，一定要穿一条与外裙相搭配的衬裙，以免内衣外现，有失雅观。

穿好衬衣、内衣。西装内应穿一件适宜的衬衣，衬衣的领口、袖口要洁净。

配好鞋袜。穿西装套裙，鞋袜的搭配一般是黑色高跟或半高跟皮鞋、肉色高筒或连体丝袜。不宜穿布鞋、凉鞋、旅游鞋，也不宜穿低筒袜及中筒袜。裙摆的下面不宜露出袜口，以免破坏腿部的美感。

相关链接

面试着装技巧

参加面试的装扮以整洁美观、稳重大方为总原则。服饰的色彩、款式要和自己的年龄、气质、体态以及所应聘的职业岗位相协调一致。不要为了使自己显得很成熟，就一味地打扮过于老成，那样会像小孩子穿大人衣服一样让人哭笑不得。年轻女孩西裙长度不过膝盖。

衬衫也是面试的最好选择之一，不论是外加小西装，还是搭配一件合身的大开口毛衣都很不错。在颈间系一条别致的丝巾就更是锦上添花了！

颜色搭配上，可以尝试白色以外的其他颜色，例如，粉紫色的衬衫可以显得皮肤比较白皙，较适合应聘文职工作；黑白格纹的会显得挺拔精神，给人以干练利落的感觉。

八、职业装饰品搭配

饰物的佩戴要注意与个人的风格、服装的质地与整体形象等相一致，具体需要注意一下几个方面：

帽子与围巾：帽子可以遮阳，可以御寒，同时也给人的仪表增添不同的情趣美。一条围巾也可以为服装添彩，表现出意想不到的美感。

鞋：男士的鞋一般以黑色为主，穿着西服套装时配以黑色皮鞋。女士的鞋也以黑色为通用，也可与服装颜色协调一致。皮鞋要求线条简洁，无过多的装饰物。皮鞋要干净，磨砂或者反光皮面都可以。女士的鞋，至少要有5cm的鞋跟。

袜子：男士的袜子最好与西服套装的色彩相协调，一般以深色为主。女性穿着西服套裙时要配以连裤长袜，保证服装的整体性。

首饰：首饰起着辅助、烘托、陪衬、美化的作用。它与服装、化妆，同为人们常用的装饰、美化自身的三大方法之一，能够起到画龙点睛的作用。

九、职场形象规范

当今社会职业场合，对职业人的形象要求是精神饱满，着装整洁，友善礼貌，以良好的精神面貌向社会展示良好的企业形象。

（一）男职员仪表要求

上班时间必须精神饱满，面带微笑；短发，保持头发的清洁、整齐，不染发；不留胡须、鼻毛，保持每日修剪；西装、衬衣必须平整、清洁，领口、袖口无污迹，西装口袋不放物品；留短指甲，保持清洁；皮鞋擦抹光亮，无灰尘。

(二)女职员仪表要求

必须化淡妆，面带微笑；保持头发清洁，发型文雅、庄重，梳理齐整；西装、西裙和衬衣要平整、清洁；指甲不宜过长，并保持清洁，涂抹的指甲油须为自然色；穿套裙时须搭配肤色丝袜，无破损；皮鞋擦抹光亮，保持清洁。

活动训练 1　仪容展示

全班同学分成 6 个小组，每个小组选择两名同学在课前根据自己的特点和喜好化好妆。请每个小组中化妆的同学站到讲台前，进行仪容展示。其他小组成员对台上的每个同学进行评价。

活动训练 2　我来装扮你

以同桌为小组，根据老师所讲的几种类型的搭配，同桌的脸型特点，为同桌选择一款适合的发型设计。请每个小组中改变了发型的同学站到讲台前进行展示。其他小组成员对台上的每个同学进行评价。

活动训练 3　校服大家谈

根据所学服装服饰搭配技巧，为老师设计一款职业装(校服)，从而掌握并提高服饰搭配技巧和对审美的认知能力。

教师给出基本信息(如年龄 30 岁，体型微胖，肤色偏黄等)，学生们分析老师的职业特点，结合老师给出的基本信息条件进行讨论。小组派代表介绍设计思想、理念等讨论结果，并做小组间互评。

拓展阅读

女士丝巾的系法

体型与服装色彩搭配

适合度 体型	不　适　合	适　　合
偏胖	鲜艳明亮色调，如白色、浅黄、暖灰等	深色为主，如深蓝、深灰、棕色、黑色等
偏瘦	深冷色调，如深蓝、暗灰、黑色等	暖色、亮色为主，如红、橙色、浅蓝、米色等
高大	高纯度的色彩，如大红、天蓝等	中间色调，驼色、灰色、紫色、藏蓝、黑色等
娇小	深色调，如黑、深灰、棕色等	亮色、鲜艳色调，如红色、白色、亮黄等

肤色与服装色彩搭配

适合度 肤色	不　适　合	适　　合
偏黑	深色调，如深黑、深紫、深灰等	明快洁净色，如浅黄、浅蓝、象牙白、米色等
偏白	浅冷色调，如浅蓝、冰绿、粉紫等	暖色，如玫红、粉红、紫红、黑色、橙色等
偏黄	绿色和深灰色调，如橄榄绿、土黄等	明快的暖色，浅蓝灰色，如玫红、紫红等
偏红	绿色调，如深绿、深红、灰绿等	清淡色调，如浅蓝灰、浅驼色、白色等

课外活动设计

1. 请根据个人的脸型特点，为自己设计适合的发型

要求：(1)发型符合学生身份的要求。

　　　(2)不要通过染、烫等手段来改变发型。

　　　(3)分享自己选择发型的心得体会。

2. 服饰搭配谁最美

要求：(1)掌握不同时间、地点、场合下的服饰搭配。

　　　(2)设计场合：

　　　场景一　郊游形象。

　　　场景二　上班第一天。

　　　场景三　参加朋友聚会。

第二单元

人 际 和 谐

第五课　认识自己

日常生活中我们发现：离自己越近的东西往往看得越不真切。自己与自己因为零的距离，常常感到很迷茫：我究竟是为了什么，缺少什么，想要什么。正确地认识自己，客观地评价自己，无论是对接人待物、处理问题，还是对事业发展、生活美满，都有极大的好处。每一个人都希望有效地工作，幸福地生活，我们就从认识自己开始吧。

案例导入

有一位画家把自己的画放在画廊上，请人们把败笔之处圈出来。结果一天下来，几乎画上的每一个角落都被圈了出来。

画家的老师对他说："不要沮丧，明天依然拿这幅画，让人们把精彩的部分都圈出来。"结果第二天一天下来，又是画的每个角落都被圈出来了。

议一议

1. 一会儿沮丧，一会儿振奋，这位画家自身存在什么问题？
2. 当你自己被别人夸奖或被否定时，你会怎样想？怎样做？

> 知己知彼，百战不殆。——《孙子·谋攻》
>
> 不患人之不己知，患不知人也。——孔子
>
> 知人者智，自知者明。——老子

一、认识自己的重要性

生而无知的人对陌生世界必然好奇又无畏，所谓"初生牛犊不怕虎"。但是，这样的人难免在现实生活中遭遇挫折。此时，应该怎么办呢？应当思考自己，认识自己。

不能正确认识自己可能导致自以为是或妄自菲薄。认识自己就是要客观评价自己，不受别人左右，发扬优点，改正缺点。正确认识自己是改变自己的前提，只有正确地认识了自己，看到了自己的不足，才会增强自我改造的自觉性和紧迫感，才会产生完善自我的动力。只有完善自我，才能取得成功，建立和谐的人际关系。

二、全面认识自己"三大步"

现实生活中，我们经常会被社会上各种各样的外部评价影响而不能真正认识自己，被所谓的潮流所左右，在纷繁世界中迷失了自己。究竟应该如何了解自己呢？有什么方法和途径能够使我们认清自己呢？首先，应该从几个方面认识自己：外貌、性格、知识水平、能力特长、优点和缺点、品质、健康状况、人际关系等。其次，应该掌握以下三个方法：

第一，通过对自己的客观评价来认识自己。

第二，通过与他人的比较来认识自己。

第三，通过别人对我们的态度来认识自己(问问身边的人)。

第一步：自我评价

活动训练1　了解自己——为自己画像(找个别同学展示)

有一天，你不小心走失了，需要一张寻人启事，尝试为自己写一个寻人启事。尽量写得形象具体，这样别人才能够迅速找到你。

每组选出两个写得最形象的同学为大家展示，猜猜寻人启事中说的是哪位同学。

寻人启事的要点：姓名、性别、年龄、外貌特征（特色之处）、穿着打扮、特别之处（说话方式、走路方式、神态动作、口头用语），越有特点，越容易被识别。

活动训练 2　完成自我评价表（10 分满分）

性格特点	得分	性格特点	得分	性格特点	得分	性格特点	得分
乐于助人		友善		认真		有礼貌	
诚实		自私		幽默		害羞	
可靠		讨人嫌		好幻想		快乐	
懒惰		孤独		爱表现		有进取心	
整洁		果断		勇敢		坚强	
合群		有毅力		谨慎		勤奋	

测测自己的满意度（10 分满分）

健康情况：很不满意 0　1　2　3　4　5　6　7　8　9　10 很满意

外貌身材：很不满意 0　1　2　3　4　5　6　7　8　9　10 很满意

知识水平：很不满意 0　1　2　3　4　5　6　7　8　9　10 很满意

人际关系：很不满意 0　1　2　3　4　5　6　7　8　9　10 很满意

能力特长：很不满意 0　1　2　3　4　5　6　7　8　9　10 很满意

活动训练 3　了解自我——才艺技能篇

请写出下列内容：

• 我有什么才艺，特长？

• 我曾获过哪些奖励？

• 我曾有一件值得自豪的事情……

• 我擅长……

谈谈你的活动感悟：＿＿＿＿＿＿＿＿＿＿＿＿＿＿＿＿＿＿＿＿

第二步：通过与他人的比较认识自己

活动训练 4　每个同学通过思考后完成以下句子

通过和＿＿＿＿＿＿相比，我认为自己应完善的品质是＿＿＿＿＿＿

（可以是以下品质：诚实、勤奋、乐于助人、自信、乐于学习、不怕吃苦、耐心、丰富的知识、性格开朗、有主见、良好的表达能力、健康的身体、果断、乐于听取他人意见、广泛的兴趣、有毅力、有选择地挑选自己需要的东西、乐观向上、大胆、愿从小事做起、良好的人际关系、谦虚、有敬业精神、好的环境、谨慎、有进取精神、有礼貌、不怕吃亏）

谈谈你的活动感悟：_____

_____

第三步：通过别人对我们的态度来认识自己

1. 青春期的心理发展特点

（1）青春期

青春发育期简称青春期，是指少年开始发育，达到成熟的一段时期，即由少年到成年的过渡时期。青少年 13～19 岁是青春期；18～25 岁是青年期，或称为青春后期。从广义上说，青春期和青春后期都可以称为青春期。在一般情况下，女孩比男孩的青春期开始要早，并且早结束 2～3 年。不论男女，提前或推迟 2～3 年，都属于正常现象。

（2）青春期的心理特点

青春期常见的心理矛盾冲突之一：自制性和冲动性的矛盾。青春期的少年在心理独立性、成人感出现的同时，自觉性和自制性也得到了加强，在与他人的交往中，他们主观上希望自己能随时自觉地遵守规则，力尽义务，但客观上又往往难以较好地控制自己的情感，有时会鲁莽行事，使自己陷入既想自制，又易冲动的矛盾之中。

青春期常见的心理矛盾冲突之二：理想我与现实我的矛盾。这个时期的学生自我意识开始分化为现实的我和理想的我。他们开始试着去探求自己，不仅根据周围人的评价，而且更多地运用自己的理智与能力来分析、认识自我，自我评价还很片面。绝大部分职校生的前期经历并不成功，他们曾经的梦想似乎随着进入职校而破灭，从而遭受比同龄人更多的现实与理想的冲突的煎熬。

青春期常见的心理矛盾冲突之三：寻求自立与依赖的冲突。从心理发展角度看，自我意识在整个中学时期的发展都十分迅速。虽然他们几乎完全依赖于成人，但却认为自己已经长大，不希望父母多管，否则就会产生厌烦感，出现排斥、执拗等很幼稚的言行。由于他们刚刚接触社会，在心理和行为上仍然难以摆脱对成人的眷恋和依赖。

　　青春期常见的心理矛盾冲突之四：心理闭锁与交往需求的矛盾。青春期的少年需要与同龄人，特别是与异性、与父母平等交往，渴望他人和自己彼此间敞开心扉。由于每个人的性格、想法不一，他们的这种渴求找不到释放的对象，有的便常会记录在日记里。日记写下的心里话，出于自尊心不愿被他人看到，于是就形成既想让他人了解又害怕被他人了解的矛盾心理。他们强烈地需要与人交往，希望被同龄人接纳，希望自己的体貌、智慧和能力得到同龄人的重视和赞美。随着认识能力、评价能力的提高，他们对交友的质量要求也在提高，不再满足于孩时的玩伴关系，而是渴望有一个能理解他、帮助他的好朋友。

活动训练5　结合图片说一说青春期的特点

2. 中职生的优势与不足

（1）中职生的优势

比如思维活跃，独立意识强，勇于表现自己，社会交往和兴趣较广泛，好奇心强烈，乐于参加具有竞争性、冒险性和趣味性的活动。

（2）中职生心理发展的不足

比如混日子心理较严重，缺乏学习动力；一些同学过于自卑，一些同学又过于自信，情绪易冲动，行事偏激，缺乏自制力。

3. 认识他人眼中的我

当局者迷，旁观者清；不同的人看待我们的角度是不同的；他人对自己的态度和评价能帮助我们更全面地认识、了解自己。

你觉得在他人眼里是什么样子的？

同学眼中的我——＿＿＿＿＿＿＿＿＿＿＿＿＿＿＿

老师眼中的我——＿＿＿＿＿＿＿＿＿＿＿＿＿＿＿

我眼中的自己——＿＿＿＿＿＿＿＿＿＿＿＿＿＿＿

妈妈眼中的我——＿＿＿＿＿＿＿＿＿＿＿＿＿＿＿

爸爸眼中的我——_____

请同学们带着这几个问题，分别下去采访，对比一下是否有差别。

学会正确认识自己：审视心目中的自己，正确对待他人眼中的自己，正确认识自己的优势与不足。

给自己一个评价

欣赏自己的方面：_____

有待改善的方面：_____

不太满意的方面：_____

三、完善自我、健全人格

　　青春期的你可能会遇到各种各样的问题，要积极去面对，想办法去解决，多与父母、老师沟通，寻求解决之道；丰富知识、开阔视野，培养业余爱好；多与正直善良的同学交朋友。当情绪焦躁或心情不愉快时可以采取如深呼吸、运动等方式来帮助缓解。总之，我们还是需要在约束自己、控制自己的过程中逐渐成熟起来。

相关链接

　　情绪紧张、焦躁时可以用呼吸调整法去缓解。方法一，选一种舒适的姿势，或站或坐，将双手放在胸前，上身保持放松，吸气的同时扩展胸部，稍停，紧闭双唇，慢慢呼气，重复几次，紧张情绪就会缓和许多，心情也会慢慢随之舒畅。方法二，净化呼吸站姿，两脚分开与肩同宽。用鼻做深吸气，同时两臂缓缓经体侧平举至上举。待吸足气后，两臂急速下放似"挥砍"动作，张口吐气的同时高喊一声"哈"。此练习有助于消除精神紧张，使长期郁积在肺部的浊气排出。

　　只有学会不冲动，才能逐步学会冷静、客观地分析问题、解决问题。

　　感到受委屈或心里不愉快时，可以用运动、唱歌、跳舞等方法来分散注意力，相信自己一定会渡过难关。通常，有氧运动能使人全身得到放松。可以参加一些轻缓的运动，使心情先平静下来，如跳绳、跳操、游泳、散步、打乒乓球等，时间可掌握在每天半小时左右。

温馨提示

英国哲学家培根曾说:"读书在于造就完全的人格……读书足以怡情,足以博采,足以长才……读史使人明智,读诗使人灵秀,数学使人周密,哲学使人深刻,伦理学使人庄重,逻辑、修辞使人善辩,凡有所学,皆成性格。"

我们不能掌握宇宙,但要掌握自己,人生就是在不断约束自己、控制自己的过程中走向成功的。我们要做构建自己人格的主人!

拓展阅读

1. 小猴和小毛驴的遭遇

中国民间有这样的故事,有一家主人带着一个小猴和一个小毛驴在一起生活。小猴很机灵,总在房上跳来跳去,主人就见了人就夸小猴太聪明了。小毛驴看小猴总受到表扬,自己也想试试,有一天踩着柴火垛艰难地爬上了屋顶,结果一上去就把瓦给踩破了,结果被拖下来暴打了一顿。小毛驴就想自己也做到了小猴做的事情,为什么它受表扬,而自己会挨打呢?其实类似的境遇会发生在很多人身上,这就是我们过分地仿效了他人的行为,刻意强调社会通行的标准。当今时代,需要内视反省评价自己的能力,评价他人的能力;善待他人,善待朋友,善待子女,做到不强加而真正尊重。对于每一个人的价值取向,对每一个年龄的生活方式以他本来的样子让其发挥到最好。

2. 认识到自己的好(分享和思考)

有一个小男孩,在小学的时候是老师和同学们心中的坏孩子,因为他总是在课堂上搞一些恶作剧,使老师出丑,课下又常常欺负同学。所有的家长都叮嘱自己孩子不要和他玩,害怕自己的孩子会学坏;男孩的家长也害怕到学校参加家长会,不敢面对学校和其他家长;学校甚至准备通知男孩家长将孩子转学。

不久,男孩开始逃学,常常在古旧市场、火车站游荡。在学校里,他受不了同学们孤立的目光。可是长时间的逃学也很无聊,男孩有些受不了了,一直想找一个人诉说。有天晚上,他突发奇想,要给敬爱的毛主席写一封信。在信中他诉说了自己的情况,还画了两幅画,同时放进了一张自己与妹妹的合影。第二天一早，他就把写着"北京毛主席收"的信投进了信箱。

不久后的一天，对这个小男孩来说是永生难忘的一天。一个同学见到他，说老师要他到学校里去一趟。见到班主任，班主任对他笑，男孩不习惯。男孩和班主任到教导主任那儿，教导主任对他笑，男孩有些害怕了。在去校长办公室的路上，男孩腿开始发抖了。见到校长，校长也对他笑，男孩心想这下完了，学校要正式开除他了。

只见校长拿出了一个牛皮纸信封，上面写着吉林省长春市朝阳区某某小学四年级二班某某小朋友收。信中写道：某某小朋友，你6月24日写给毛主席的信还有图画和照片都收到了，谢谢你，今寄去毛主席照片一张，请留作纪念。希望你努力学习，注意锻炼身体，准备将来为祖国服务。日期是1959年7月3日。

"这不仅是你的光荣，也是我们全校的光荣啊！快去广播室，向全校师生广播！"校长有些哆嗦地说。接下来，男孩在老师和同学们的心目中一下就变成了一个聪明、有出息的好学生了。而老师又将自己的这一心理活动通过情感、语言和行动传达给这个男孩，使他变得更加自尊、自爱、自信、自强。学校还编了一个《他转变了》的话剧。后来这个男孩真的变好了，变成了人见人夸的好学生。

这个男孩就是后来著名主持人王刚。对于自己的那段经历，王刚曾在《朋友》栏目里说过这样一段话："也可能我并不像他们夸的那么好，但经他们这么一说，让我在别人面前感觉到，自己就是这么好的人，我为什么不继续下去呢？"

所以不论是你遇到挑战，或是你的朋友处在困境时，你不妨告诉自己或朋友，你是最棒的，是最优秀的。如果能认识到这一点，结果就肯定会大不一样。

课外活动设计

1. 读一本好书

选择自己感兴趣的一本好书阅读，内容可以选择中外名著、名人传记、励志小说、名企创业故事、历史哲学、科普读物等，并写一篇读书笔记。

书籍必须选择纸质印刷品，不能在计算机或网上阅读。

2. 讲自己的一件心事

与父亲或者母亲聊天，聊天内容是讲一件自己的心事。这件事是你心里一直牵挂的，或者是长时间没有解决的问题，如与父母的矛盾，与某个同学的矛盾，在学校宿舍里的事情，交男女朋友问题，学习问题，等等。

注意谈话时心态要放松，平和。首先如实讲出发生在自己身上的事，以及自己的真实想法，然后倾听父母的看法和意见、建议，在聊天结束后写一篇"聊天感悟"。

第六课　悦纳自己

　　每个人都有一幅心理蓝图或者说自我肖像。我们悦纳自己，追求生活更美好，重要的原则就是对那些我们所不能改变的事物安然接纳——是"不论我的现状如何，我选择尊重自己生命的独特性"的态度，是"不论我产生什么样的负面情绪，我选择积极地正视、关注和体验它，我将从中了解自己的思想和问题，并给以建设性地解决"的态度，是"不论我有什么优点和弱点，我首先选择无条件地接纳自己"的态度，是"不论做错了什么，我选择从中吸取教训"的态度。

　　如果你的内心始终保留着一副自我肖像，你就会越来越与它接近。把自己想象成胜利者，并将带来无法估量的成功。

案例导入

　　有一个小男孩是个孤儿，他觉得自己活在这个世界上没有什么价值，没有人爱他，便到一位长者那里哭诉自己的不幸。长者什么也没有说，给了他一块石头，让他到市场上去卖。在市场上有人觉得好奇，随便给他开了个价钱，他不卖。别人以为这块石头是个宝石，于是价钱越涨越高。第二天，长者让他拿到黄金市场去卖，结果到收市的时候，石头的卖价已经高出了昨天的十倍。第三天，他去了宝石市场，石头的价钱甚至涨了百倍。由于他始终不肯卖，别人都认定这块石头是无价之宝。

议一议

1. 长者让小男孩去卖那块石头的目的是什么？
2. 通过这个故事，你可以悟出什么道理？

温馨提示

先相信自己，然后别人才会相信你。——〔法〕罗曼·罗兰

悦纳自我是心理健康的表现。当你快乐地接受了自己，你的整个心胸便会舒展和开阔，同时你会发现，你也更加容易接受他人了。

每个人在世界上都是独一无二的，我们要活出生命的价值，要得到别人的尊重，首先要愉悦地接纳自我，并通过各种方式不断完善自己。

一、悦纳自我的含义

悦纳自我包括四层含义：

第一层含义：无条件接受自己的全部，无论是优点还是缺点，无论是成功还是失败。

第二层含义：改变过分追求完美的思维，不苛求自己。能平静而又理智地看待自己的长处和短处，冷静对待自己的得与失。正确的态度是承认自己的不完美，接纳真实的自我，在积极的心态中，最大限度地把自己的潜能转化为现实。

第三层含义：建立和巩固良好的自我感觉。即不以虚幻的自我补偿内心的空虚，也不以消极回避漠视自己的现实，更不以怨恨、自责甚至厌恶来否定自己。

第四层含义：从失误和失败中吸取教训，不被它们打垮，永远给自己机会。积极的心态就是一种健康、向上的心理状态。这种状态可以包含热情、乐观、向上、阳光，等等。

活动训练1 制作"_____的闪光点"卡片

每位学生在卡片上填上自己的名字，将卡片交给下一位同学，这位同学填写完主人的闪光点后再交给下一位同学，直到卡片回到主人的手里为止。

寻找他人值得肯定的闪光点，可以是学习、生活、品德、性格、特长、

技能、独一无二的特点等许多方面。

你所写的闪光点应该是真诚善意的，值得你的同学永远珍藏心间。我们是在赞美别人，送人玫瑰，手有余香。请不要伤害到别人，希望你的所写下的闪光点能够幽默、有创意。

谈谈你的活动感悟：＿＿＿＿＿＿＿＿＿＿＿＿＿＿＿＿＿＿
＿＿＿＿＿＿＿＿＿＿＿＿＿＿＿＿＿＿＿＿＿＿＿＿＿＿＿＿＿

二、悦纳自我的作用

1. 悦纳自我才能自信

接受自我就是对自我的一种肯定，肯定自己的优点与长处。肯定自我的同时自信心也悄然而至。

相关链接

小故事：神奇的发卡

有一个女孩子，总觉得自己相貌平平，不讨别人喜欢，因此有一点自卑。一天，她偶尔在商店里看到一支漂亮的发卡，当戴起它的时候，店里的顾客都说漂亮，于是她非常高兴地买下了发卡，并戴着它去学校。接着奇妙的事发生了，许多平日不太跟她打招呼的同学，纷纷来跟她接近，一些同学还约她一起去玩，原本死板的她，似乎一下子变得开朗、活泼了许多。

其实她放学回去一照镜子，发现自己头上根本没有戴什么神气的发卡，原来她付钱后把发卡忘在商店里了。

2. 悦纳自我，成就幸福人生

发现自己的优点，欣赏它、完善它、发扬它，此时，你会发现自己的缺陷与不足似乎被忽略了。扬长避短，使自己的人生道路走得更加精彩、非凡。

相关链接

邰丽华两岁时，因一次高烧失去了听力。没过多久，她甜美的歌喉也被迫关闭了。13岁时，邰丽华只身到武汉上中学，并开始在舞台上崭露头角。15岁那年，中国残疾人艺术团挑中了她。刚进团的时候，她的舞蹈水平基本是最差的。老师考验她的第一个舞蹈就是《雀之灵》。对于没有专业基础的邰丽华来说，这几乎是一个不可能完成的任务。最后，老师干脆拂袖而去。但一切困难都无法阻止她继续跳舞。起初她只能原地转几个圈，半个月以后就转到二三百圈。老师作过一次测试，邰丽华凭着感觉舞完《雀之灵》这700多个节拍，竟丝丝入扣。她唯一的方法就是记忆、重复、再记忆，到最后她心里已经拥有了一支随时为她演奏的乐队。正是凭着这种执著和天赋，邰丽华在众多的舞者中脱颖而出。当著名舞蹈家杨丽萍亲眼看见邰丽华跳《雀之灵》时，感到无比惊讶："我创编了《雀之灵》这么多年，如果听不见音乐，我都不知道自己还能不能跳出那种味道来，而你竟然跳得这么好！"

三、做到悦纳自我，活得漂亮精彩

1. 正确认识、评价自己

"不识庐山真面目，只缘身在此山中"。怎样才能正确、客观、全面地认识和评价自己呢？我们认为，除了自我观察和分析外，可用"以人为镜"的比较法，通过与条件相当的同龄人比较，找出自己的特点；可从他人对自己的态度、评价这个角度来认识自己。另外，还可以用自我反思、自我检查的自省法等来认识自己。

通过这些方法，我们既可以看到自己的优点，也可以看到自己的缺点，对自己形成比较准确的认识和评价。

活动训练2　大葫芦的故事

有一天，惠子找到庄子，说："魏王给了我一颗大葫芦籽儿，我在家就种了这么一架葫芦，结果长出一个大葫芦来，看起来很丰硕饱满，有五石之大。因为葫芦太大了，我要是把它一劈两半，用它当个瓢去盛水的话，葫芦皮太薄，'其坚不能自举'，盛上水往起一拿就碎了。想来想去，葫芦这个东西种了干什么用呢？不就是最后为了当容器，劈开当瓢来装点东西吗？结果什么都装不了。这葫芦虽然大，却大的无用，我把它打破算了。"

讨论：大葫芦真的没有用吗？

谈谈你的活动感悟：_____

_____

2. 正确看待自己的缺点

"金无足赤，人无完人"，没有人是十全十美的，任何人都有优点和缺点，名人、伟人也不例外。孙膑腿有残疾，林肯外貌丑陋，贝多芬晚年双耳失聪，海伦·凯勒双眼失明，洛克菲勒有学习障碍……

因此，我们要勇敢地接受自己的一切，包括缺点和失败，同时，辩证地予以看待。有的缺点是可以改变的，如随地吐痰，出口骂人的不良习惯；做事冲动，暴跳如雷的坏脾气；粗鲁、粗心造成的过失等。而对于我们身体生理方面的缺陷、残疾，只能欣然地接受。

容貌可以做适当的修饰，最关键的是在学习上、修养上、言谈举止上下工夫，培养内在的涵养。托尔斯泰告诫我们：人是因为可爱才美丽，不是因为美丽才可爱。正如我们看着维纳斯的塑像，她的美丽温婉会掩盖她断臂的遗憾。不过，有了娇好的面容，却做着不齿的事情，美丽也会显得暗淡无光。

活动训练3 帮助爱抱怨的小光

小光的家庭条件不好，小光常常为此而抱怨；自己学习不好，却抱怨老师教得不好。他对学校也有意见，认为学校都是为了赚钱，是骗人的。说到自己的表现，他坦言自己就是一个"坏人"，从小混到大，就那样了。

小光还认为，自己小时候不懂事，混到现在什么也不会，家里条件也不好，况且读职校没有什么出息，混几年还不是什么也不会；即便会，现在本科生还找不到工作呢，职校生又能干什么？还不如就这样混下去吧。

讨论：(1)小光的观念存在什么问题？

(2)小光应该怎样做？

谈谈你的活动感悟：_____

_____

世界上只有一个你，你就是你，再与人比，跟人学，你仍然成不了别人。放弃"大众化"标准，用自己的标准来规划自我。记住：你只能唱"自己的歌"，画"自己的画"；要活出自己的个性，不一定要得到别人的赞许。

3. 为自己的优点喝彩

为自己的优点喝彩，就是自我欣赏，充分肯定自己，尊重自己，喜欢自己。每天想一次自己的优点，每天给自己一张美丽的笑脸，充分感受自己的价值，感受自豪、愉快、满足的心情。在与他人尽情体验、分享成功的喜悦的同时，我们一定会觉得生活变得更加美妙而漂亮，因为，我们已经活出了自我的色彩。

活动训练 4　积极的自我对话

自我激励：我是最棒的，我一定能行！

自我期望：我是一个最棒的员工，我是一个最可爱的女孩，我是一个……

自我需求：

自我表扬：

自我欣赏：

自我关心：

自我奖励：

自我批评：

谈谈你的活动感悟：_____

4. 用发展的眼光看待自己

古人云："士别三日，当刮目相看。"只要我们不断地从他人身上吸取经验，弥补自身的不足，不让其成为前进路上的"绊脚石"，我们就一定能"忘掉昨天的痛苦，把握今天的机遇，追求明天的幸福"。最终增强自信，做到悦纳美丽的自我。

活动训练 5　想一想，写出完整句子

你是否也有一些方面自己不能接受？或是觉得遗憾？你打算怎样做呢？你能够愉快地接纳自己吗？

虽然我_____，但我要_____。

虽然我_____，但我要_____。

虽然我＿＿＿＿＿＿＿＿＿＿＿＿，但我要＿＿＿＿＿＿＿＿＿＿。

谈谈你的活动感悟：＿＿＿＿＿＿＿＿＿＿＿＿＿＿＿＿＿＿＿＿

＿＿＿＿＿＿＿＿＿＿＿＿＿＿＿＿＿＿＿＿＿＿＿＿＿＿＿＿＿

朋友们，让我们谨记："悦纳自我"是让我们活得更加精彩的最佳途径。

拓展阅读

1. 悦纳自己

一个厌食症的例子。一个年轻的女孩子，因太追求身材苗条、过度节食引发神经性厌食。此类患者的特征之一是，其他人看她都已经很瘦了，但她仍觉得自己很胖，仍拼命地去减肥。大家看了几幅女孩子的照片，震惊甚至震撼地懂得什么叫"骨瘦如柴"。这种倾向与以瘦为美的时尚导向有关系，正所谓"楚王爱细腰，宫中多饿死"。一些心理学解释：对身材极度不满是不能接受自己的一种表现，而不接受自己的根本原因在于从小父母没有教会我们爱自己。

父母已尽其所能抚养我们长大，难免把他们未尽的心愿寄望于子女。年幼时的我们还不懂得自己作为独一无二的个体的价值，学校、家庭和社会教育的局限性让我们错误地认为：必须听话、做好孩子、按照老师和家长的要求去做，才能够赢得爱，才能够被爱，才值得被爱。错过的已然如此，那就让我们在知晓这一问题时来补上这一课——什么是悦纳自我？

悦纳自我，首先是接受自己与生俱来的容貌与形体——自己不够英俊或美丽，不够高大或娇小，欣赏自己的可爱之处。

悦纳自我，也意味着接受自身的不足——自己没有超卓的天赋，没有惊世的才华，不是社交场合万众瞩目的中心……不能一步到位登临理想的彼岸，只能一点一点向目标靠近；接受自己不够高尚，会生妒，会怀恨，会暗暗希望自己看不惯的人走霉运；接受自己与理想境界的差距，在清醒的自我认识后放下对自己过高的要求。

悦纳自我，不只是接受现在，也接受自己不如意的过往——即便因少不更事虚度过光阴，走过原可避免的弯路，错失大好的时机，伤害过不应辜负的人……能认识到自己的过失是一大进步，直面之后应是吸取教训以便走得更好，而非在悔恨遗憾中裹足不前。

悦纳自我，是在看清并接纳自己的昨天与今天后，接受自己以后仍会失误、会犯错，甚至可能会犯愚蠢可笑的错误。过而能改即可，只是不要一再重复犯同样的错误。悦纳自我，是在明了自己的种种局限后仍自珍自重，自信自如，不放弃希望和努力。

悦纳自我，也是懂得自己不能也无须为所有人喜爱。古人描述历久弥坚的友谊是"温不增华，寒不改叶"，可是有哪种情谊能长过与自己一生一世的相处？对待自己，更应宠辱不惊，不因他人的热情自我膨胀，也不以他人的冷淡自恨自伤吧？

2. 学会悦纳自我

有人说，这个世上最难看透的是人心，人心巨测。在现实生活中不仅是他人之心很难看透，很多人就是对自己也不甚了解，对自己缺乏足够的自信。

积极心理学认为悦纳自我，就是当你在面对评价、情感和任何感觉时，都能欣然接纳它，并采取一种不抵抗、不评判的态度，把它当成一种存在，认为是一种合法的，从内心接受自己现在的样子。这样你就能节省一种原来用在抵抗和反抗方面的心理能量。

2000 年时，出生于意大利的索菲亚·罗兰，曾荣获奥斯卡最佳女演员奖项的伟大女性，被评选为千年美人。

索菲亚·罗兰是一位受全世界影迷喜爱的女影星，她主演的《两妇人》、《卡桑德拉大桥》在中国有广大观众。可是，在她 16 岁第一次拍电影时，却遇到了不少麻烦。

索菲亚·罗兰在第一次试镜的时候就失败了，所有的摄影师都说她够不上美人的标准，抱怨她的鼻子和臀部。导演只好把她叫到办公室，建议她把臀部减去一点儿，把鼻子缩短一点儿。一般情况下，演员都对导演言听计从。可是，索菲亚·罗兰却没有听导演的，她相信自己，对自己有信心，认为这就是她自己的特色。

在试了三四次镜头后，导演又叫索菲亚·罗兰上他的办公室。

导演以试探性口气说："我刚才同摄影师们开了个会，他们说的全一样，噢，仍是关于你的鼻子的，建议你把臀部削减一些，如果你要在电影界做一番事业，也许该考虑一些改变。"

索菲亚·罗兰对导演说："说实在的，我的脸确实与众不同，但是我为什么要长得跟别人一样呢？"

"我要保持我的本色，我什么也不愿意改变。"

"至于我的臀部，无可否认，确实有点过于发达，但那是我的一部分，是我的特色，我愿意保持我的本来面目。"

导演被说服了。最终电影不但拍成了，而且，索菲亚·罗兰一下子红起来，逐步走上了成功之路。

"我为什么要长得跟别人一样呢?"的确，这个世界上找不到与我们完全相同的人，就如同这个世界上找不到两片相同的树叶一样。独特是一种美，每个人都应该庆幸自己是独一无二的。

课外活动设计

1. 制订"自信计划"

要求结合学过的知识，结合自己的特点和喜好，制订一个能够帮助自己找到自信的"自信计划"，并记录自己执行计划的情况。

两周后在班会上与同学交流，交流"自信计划"和执行情况。

2. 自信心训练——帮你找到自信的感觉

方法一：走路时抬头挺胸，直视前方，步伐有力。

方法二：与人交流时眼神要正视对方。

方法三：争取当众发言。

方法四：寻找机会表现自己。

方法五：建立积极的自我对话，每天大声朗诵能激励自己的话。

方法六：大声唱歌。

第七课　做受欢迎的人

　　在学校里，班级是我们每个人成长的摇篮和学习的乐园。每个同学共同组成了班级这个不可分割的集体，集体的成长也离不开每个同学的努力。每一位同学要在集体生活中学会欣赏他人、尊重他人、关心他人，真诚宽容地与同学、老师相处，才能建立和谐融洽的师生关系与同学关系，才能成为一个受大家欢迎的人。

案例导入

　　07国际酒店班是某中等职业学校优秀班集体。该班有明确的班级目标、优良的班级文化、良好的学习风气、宽松的班级氛围。在"团结向上、积极进取、学有所长、力争第一"的班风引领下，国际酒店班的学生共同成长，每位同学都积极主动地参与到班级的活动当中，班规大家定、班会分组搞、活动同参与、学习共提高。班干部以身作则，发挥火车头的带动作用，后进的同学你追我赶，"我因集体而荣"荣誉感激发了他们的进取心。在班集体中，师生关系和谐、同学关系融洽。班集体，是同学们心灵的栖息地，是精神的家园，是每位学生健康成长的摇篮。

议一议

1. 班集体对个人的成长有什么作用？
2. 你认为个人怎样与老师、同学相处？

温馨提示

只有在集体中，个人才能获得全面发展。

——〔德〕马克思

一、我与集体共同成长

有人问一位哲学家："一滴水怎样才能不干涸？"哲学家说："把它放入大海。"简短的对话却蕴涵着深刻的道理：个人只有融入集体，才会拥有无穷的力量；一旦离开了集体，再大的力量，也会枯竭。

集体是个人生存的基础，是个人成长的园地；个人是组成集体的细胞，集体的发展离不开每个成员的努力。任何一个集体，只有在思想上高度统一、行动上目标一致、情感上共鸣，才能心往一处想、劲往一处使，形成强大的合力。这种力量不是个人力量的简单相加，而是一种合力的凝聚和升华，依靠这种力量，才能获得成功。

活动训练 1

想想我们人生发展的不同阶段可能参与的群体，说说你在群体中是怎样的一个人？

相关链接

听歌曲《众人划桨开大船》

一支竹篙耶，难渡汪洋海
众人划桨哟，开动大帆船
一棵小树耶，弱不禁风雨
百里森林哟，并肩耐岁寒
……
一根筷子耶，轻轻被折断
十双筷子哟，牢牢抱成团
一个巴掌耶，拍也拍不响
万人鼓掌哟，声呀声震天，声震天
同舟嘛共济，海让路
号子嘛一喊，浪靠边
百舸嘛争流，千帆进
波涛在后，岸在前

二、做一个受欢迎的人

1. 学会欣赏别人

在生活中，我们都渴望得到他人的欣赏，同样也应该学会去欣赏他人。每个人既有优点也有缺点，我们不能一味地盯着他人的缺点，要善于发现他人的优点，宽容大度地对待身边的人和事。于人于己多一点欣赏、少一点挑剔，多一点鼓励、少一点指责，多一点宽容、少一点苛刻，这是一种理解和沟通，既包含了信任和肯定，也是一种激励和引导。

人与人在相互真诚地欣赏和赞美之中，才会有和谐的人际关系。

相关链接

作家林清玄当年在做记者时，曾经报道了一个作案手法非常细腻的小偷，犯案上千起才被捉到。他在文章最后情不自禁地感叹："如此心思细密、手法灵巧、风格独特的小偷，又那么斯文、有气质，如果不做小偷，做任何一行都会有成就的吧！"没想到，他20年前无心写下的这句话，却影响了这个小偷的一生。如今，当年的小偷已经是几家羊肉店的大老板了！在一次邂逅中，这位老板诚挚地对林清玄说："林先生写的那篇特稿，重塑了我生活的轨迹，为什么除了做小偷，我没有想过做正当事呢？"从此，他脱胎换骨，重新做人。回头想想，如果没有林清玄当年对小偷的"欣赏"和企盼，恐怕也就不会有他今天的事业和成就。不难看出，用欣赏的眼光去看待别人，是多么重要啊。

活动训练 2　我来赞美你

赞美你的同桌，想想同桌身上的优点，用具体的事例说明你所欣赏对方的具体之处，态度要真诚、真实、大方、自然，尽量使用"你真厉害……""你真棒……""我真佩服你……""我非常欣赏你……""你是我学习的榜样……"等赞美语言。

谈谈你的活动感悟：＿＿＿＿＿＿＿＿＿＿＿＿＿＿＿＿＿

＿＿＿＿＿＿＿＿＿＿＿＿＿＿＿＿＿＿＿＿＿＿＿＿＿＿＿＿＿

2. 学会尊重别人

俗话说得好"人敬我一尺，我敬人一丈"。尊重他人是中华民族的传统美德，是一种修养，一种品质，一种不卑不亢、不俯不仰的平等相待，是对他人人格与价值的充分肯定。尊重他人要求我们平等待人、礼貌待人、诚信待人、友善待人、宽容待人。一个人只有懂得尊重别人，才能赢得别人真正的尊重。

生活中时刻都需要我们学会尊重，对同学以诚相待，不嘲笑、不打闹、不挖苦，认真倾听同学的谈话和倾诉是最起码的尊重，是友谊的基础；课堂上专心听讲、认真完成作业是对老师辛勤劳动的尊重；食堂就餐后，把桌椅、餐具放好是对食堂师傅的尊重；回到家与父母长辈打声招呼，一声亲切地问候是对长辈亲人的一种尊重，是对亲人辛勤养育最珍贵的抚慰。

尊重是相互的，你怎样对待他人，他人也怎样对待你。尊重、善待他人的同时，你也就得到了他人的尊重与善待。所以，我们应该彼此尊重、相互接纳，共同在相互尊重的快乐中成长。

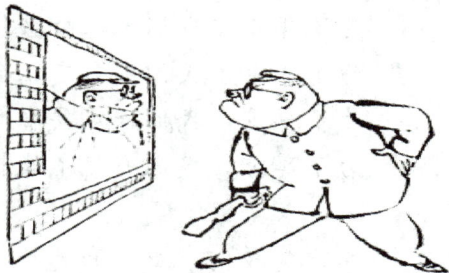

相关链接

尊重是一个微笑、一个问候
尊重是一声"对不起"、一句"谢谢你"
不迟到是学生对老师的尊重
不随地吐痰是对环卫工人的尊重
不闯红灯是对行人的尊重
酒后不驾车是对生命的尊重
车上不吸烟是对健康的尊重
不浪费一粒粮是对农民的尊重
不乱花一分钱是对父母的尊重

尊重是喊不错他人的名字
尊重是记不错他人的电话
尊重他人的人不忘尊重自己
尊重自己的人懂得尊重他人
为了尊重，我们不在公共场合大声谈笑
为了尊重，我们不会忘记会上关掉手机
为了尊重，我们一定要准时赴约
为了尊重，我们一定不能轻易食言

尊重是我们最重要的美德
尊重是社会和谐必需的规则
尊重别人就是尊重自己
尊重自己就是尊重他人

让我们擎起双手
共同托起尊重的蓝天
让我们脚踏实地
共同实践尊重的诺言

活动训练3 火眼金睛

生活中有哪些尊重他人的行为值得我们学习？_____

哪些不尊重他人的行为需要改正？_____

活动训练4 价值判断

1.“你平时这么用功，才考了48分，真是个糨糊脑袋！”（　　）

2.同学向小李请教问题，小李说：“真笨，这么简单都不会！”（　　）

3.商场里太热了，于是亮亮光着膀子、浑身大汗地逛商场。（　　）

4.我们要尊重少数民族的文化、宗教和习俗，因为民族、宗教事务无小事。（　　）

三、正确处理同学关系和师生关系

1. 正确处理同学矛盾

俗话说得好：时间长了，哪有勺子不碰锅沿的。同学间发生矛盾，往往是因为一些学习和生活中鸡毛蒜皮的小事，有时就是一句话、一个眼神、一个动作、一个小磕碰、一次小接触，或者一个道听途说，甚至是一次误会。那么面对这些矛盾，如何正确处理呢？

案例一：今天下课，一个身材高大的同学故意把我的铅笔盒放在地上，狠命地踩。铅笔盒发出劈啪劈啪的响声，仿佛在说：“主人，救救我！”我似乎听到了铅笔盒求救的声音，马上跑过去制止他。我问他为什么要踩我的铅笔盒，他却无可奈何地回答：“对不起踩错了，我以为是李磊的，本来我是想踩他的。”说完，就要离开。我拦住他，说：“你别去踩别人的了。”他轻蔑地看了我一眼，嚷道：“关你什么事！”我理直气壮地说：“我就管！”我们争执不休……终于他恼羞成怒，开始大骂起来，我也丝毫不甘示弱。老师来了，看见我们脸都涨得通红，就把我叫到了办公室，对我说：“如果你再跟同学这样闹矛盾，我就把你的职务给撤销。”这句话就像五雷轰顶，我哭了起来，老师的语气马上和蔼下来，询问事情的由来。我把事情来龙去脉讲述了一遍。老师立刻语重心长地说：“你做得很对，是应该劝他。可如果劝不了，应该告诉老师，老师会来处理的啊！"我使劲地点了点头，心想今后做事再也不这样鲁莽了，做事要懂得方法。

——摘自李亮日记

案例二： 某市某高中高二学生刘军和廖小辉，在李小标所在的寝室玩时，不小心将水泼到了李小标的身上，双方因此发生争执并扭打在一起，后被同室的同学劝开。当晚 10 时许，刘军邀约同学胡志军等人到李小标寝室，逼其买香烟赔礼道歉。第二天下午，刘军等人将李小标叫出教室进行殴打。李小标即邀约蒋平、周源和彭宏等人，准备晚上报复刘军。而刘军也邀约了胡志军等人准备了木凳腿等工具。当晚 10 时许，两伙学生在教室外的走廊上展开斗殴。打斗中，李小标抽出随身携带的水果刀乱刺，胡志军被刺中后，经医院抢救无效死亡。

拒绝校园暴力！

积极主动地化解矛盾，要做到以下几点：

(1)换位思考。与同学发生矛盾时，首先要换位思考，想想到底是对方的过失还是自己的不是，体谅对方当时的心情，这样才不会在矛盾中互相埋怨。

(2)宽容忍让。忍一时风平浪静，退一步海阔天空。和同学发生矛盾时，要努力控制自己的情绪，理智要战胜冲动，不要非得争吵到脸红脖子粗才罢休，或许在你退一步之后，争吵便停止了。不要错误地认为忍让就是畏惧和无能，恰恰相反，从忍让的那一刻起，周围的人对你的行为发出无声的赞叹，认为你是一个不拘小节、心胸开阔的人。

(3)学会道歉。当同学间发生矛盾时，如果错在自己，要敢于承认，勇于道歉，取得对方的谅解。你可以诚恳地说："那件事错全在我，我真诚地向你道歉，假如你能接受我的道歉，我会很感激你，我们会成为好朋友。"如果错在对方，不要非等对方来道歉，应该大度一点，私下里找他谈谈："同学一场是缘分，同学之间的友谊最纯洁，将来走向社会，说不定会成为互相帮助的朋友呢，到那时再回忆起现在闹的这点小别扭是不是很可笑呢？"他一定会认同你的看法，和你握手言和。对方也许早就认识到了自己的错误，只是碍于面子，不愿意道歉罢了。我们要相信"精诚所至，金石为开"。

活动训练 5　比一比，想一想

处理方式	积极影响	消极影响
冷处理法	矛盾暂时解决 表面风平浪静	矛盾隔阂越来越深， 彼此心情不畅，影响学习和生活
矛盾激化法	矛盾得以解决	反目成仇，大打出手，酿成惨剧
主动化解法	加深友情，维护团结，矛盾真正得以解决	

谈谈你的活动感悟：_____

_____

2. 正确处理师生矛盾

每位老师都有其自己的教育理念、教学风格和育人方式，处于青春期的我们恰好又叛逆、个性鲜明、思想独特。那么，当老师观点与自己发生矛盾时，我们应该怎么办呢？

（1）反省自己。作为求学的学生，要相信老师的初衷是为自己好的，老师作为师长，毕竟经验丰富，这么做必定有其道理。我们应该首先冷静地反省一下自己的问题，想想是不是确实做错了。

（2）理解老师。古语说"一日为师，终身为父"。我们要理解老师、尊重老师，站在老师的角度想一想，不应该态度傲慢地顶撞老师，与老师发生正面冲突。如果老师确实错了，我们也应该在合适的时候，采用婉转的方式，在相互理解和尊重中化解矛盾，这才是解决问题的方法。

（3）有效沟通。谁说老师与学生之间只有师生关系？我们可以与老师之间建立朋友的关系，和老师分享快乐、倾诉烦恼。当与老师发生了矛盾，可以真诚地向老师表达自己的想法和感受，通过谈心、网络、日记、书信、短信、电话等方式，让老师了解自己，在沟通、理解和信任中，建立"良师益友"式的师生关系。

活动训练 6　遇到这样的问题，我该怎么办？

情　境	需要解决的问题	解决方法
镜头一	被老师冤枉	
镜头二	言语上和老师冲撞	
镜头三	老师在课堂上讲错题	
镜头四	老师偏袒成绩好的同学	
镜头五	不喜欢老师的教学方法	

谈谈你的感悟：_____

拓展阅读

1. 欣赏别人才能提升自己

希拉里·克林顿多次讲过一件往事，是她在芝加哥西北郊的帕克里奇镇中学读书时的一件往事。

春暖花开的一个中午，希拉里和父亲在公园里散步。她发现一个老太太紧裹着一件厚厚的羊绒大衣，脖子上围着一条毛皮围巾，穿戴仿佛是在滴水成冰的隆冬。她轻轻地拉了一下父亲的胳膊说："你看，那位老太太穿的，与这么暖和的天气太不相称了，真是太奇怪、太可笑了！"

当时父亲的表情显得有些严肃，沉默了一会儿说："希拉里，我突然发现你缺少一种本领，就是欣赏别人的本领。这说明你在与别人的交往中，缺少了一些热心和友善。"

希拉里觉得父亲太小题大做了，很不服气地问："那你不觉得老太太穿得太多了吗？"父亲说："恰恰相反，我觉得老太太很值得欣赏。"

父亲看着希拉里一脸疑惑不解的样子，接着说："老太太穿着羊绒大衣，围着毛皮围巾，也许是因为生病初愈，身体还没有完全康复，也许是因为别的什么原因。但你仔细看，她专注地看着树枝上清香、漂亮的丁香花，表情是那么的安详、愉快、生动。她是那么热爱鲜花，热爱春天，热爱大自然。我觉得老太太的神情令人感动！难道你不认为她很美吗？"

希拉里认真地观察了之后，觉得确实像父亲说的那样，从老太太的笑容中可以看到她的内心像怒放的鲜花一样。父亲领着希拉里走到老太太面前，微笑着说："夫人，您欣赏鲜花的神情真的令人感动，您使这春天变得更加美好了!"

老太太似乎有些激动:"谢谢,谢谢您! 先生。"随后,她从提包里取出一小袋饼干,一边递给了希拉里一边夸赞地说:"这孩子真漂亮……"

事后,父亲对希拉里说:"渴望得到欣赏,是人的本性。一定要学会真诚地欣赏他人,因为每个人都有值得欣赏的优点和特点。当你学会真诚地欣赏别人之日,就是你得到别人更多欣赏之时。"

当真诚地欣赏他人时,你会发现一些不起眼的小人物都有许多值得欣赏之处。有的人初看起来有点奇怪,但只要我们了解了原因,用欣赏的眼光去观察,同样会令人感动。欣赏是可以相互感染的,在欣赏他人的同时,你也在得到他人的欣赏。

2. 坐,请坐,请上坐;茶,上茶,
上好茶

苏东坡平生喜欢访僧问禅,有一次脱掉官服,换上便衣到某座寺庙中去游玩拜会。寺庙的方丈看到来人貌不出众,穿戴寻常,便坐着没有动,只是懒洋洋地抬手让小和尚给他看座,算是打了个招呼:"坐,茶。"苏东坡看到方丈如此慢待自己,有些不高兴,便想戏弄一下这个以衣冠取人的僧人,于是吩咐站在一边的小和尚:"取善簿来。"意思是要布施一些香火钱。善簿取来以后,苏东坡当着方丈的面,提笔写道:香火钱100两。方丈在旁边伸着脖子看到,心中一喜,热情地站了起来:"请坐,"又吩咐小和尚:"上茶。"苏东坡一笑,又在善簿上落款:东城居士苏轼。方丈一看吓了一跳,他没想到眼前这个看似寻常的人居然是名扬天下的大学士苏轼,急忙向他深施一礼,满脸堆笑地说:"请上坐,"又急忙吩咐:"快快,上好茶。"两人落座以后,方丈素闻苏东坡诗词书画冠绝天下,千金难求,便想借这个千载难逢的机会请他为庙里题字。苏东坡爽快地答应了,信笔在备好的纸上写下了一联:

坐,请坐,请上坐;

茶,上茶,上好茶。

这副对联，诙谐有趣，把方丈以貌取人、十分世故的嘴脸刻画得惟妙惟肖。方丈见联自知失礼，满面羞愧。

通过这个故事，在平等待人方面给我们什么启示呢？

② 课外活动设计

1. 挑战活动：制作歉意卡：把赞美和欣赏送给你曾经不喜欢的人或者曾经有矛盾的同学。

2. 真心告白：回忆曾经的一位老师，对你影响最大的一位老师，并且对他说……

第八课　异性交往要适度

异性之间的交往是人际交往的重要内容。正常的异性交往有利于身心发育和人格健康；掌握正常的异性交往原则能够让我们在交往过程中表现得更好，使异性之间相处更加和谐、融洽；对恋爱的正确认识和把握能够让我们拥有更加幸福的人生。

案例导入

孙晴晴是一所职业学校会计专业一年级的女生。全国职业技能大赛即将举办，学校在她们专业中每班挑选了3名同学参加，孙晴晴也在其中。说到能被选中参加全国的比赛，孙晴晴很是兴奋。但为了参赛，学校要求未来两个月的每个周末都要进行集中训练，这对于喜欢在周末出去玩、睡懒觉的她来说很是痛苦，一开始便对这样的训练有点抵触情绪。一个月过去了，来自不同班的男女同学20个，互相帮助，互相勉励，孙晴晴逐渐发现自己不像开始那样不愿参加训练，甚至有时还盼望周末到来。两个月的训练转瞬即逝，最终他们在比赛中取得了优异的成绩。孙晴晴觉得这段辛苦的训练是一段非常美好的时光。

议—议

1. 枯燥的训练因为男女同学共同参与而变得丰富有趣，你怎么看待这现象？

2. 你怎样看待异性交往？异性交往到底好不好？

温馨提示

纯洁的男女友谊是幸福与力量的源泉。

常言道"同性相斥，异性相吸"，这是自然界的规律。在青春期，男女同学出现向往、接近异性的渴求，许多同学开始注意异性对自己的评价，有些同学开始对异性同学产生了"朦胧的好感"，这些都是青春期学生的正常的现象。

一、异性交往的益处

1. 异性交往有利于身心发育和人格健康

在生活中，我们离不开与异性间的交往，维持正常的异性交往，不仅有利于我们的身心发育，而且能够让我们的人格保持健康。人为地阻止正常地异性交往是不利于人格和心理健康发展的。

小链接：

曾经有这样一个报道：一位心理学教授给一个女中学生做心理咨询，原因是这个女生多次用刀在自己的手臂和大腿上自残。当被问到受伤的原因时，她回答："我从小一直都在女子学校念书，在我的成长的过程中几乎从未和同龄的男生交往过。一次在路上偶然认识一个男生，谈得很投机，感觉很开心，却被妈妈看见了。她骂了我，还让我以后不要再和这个男生来往，于是我就用这种自残的方式抗议和宣泄。"

2. 异性交往所带来的"互补作用"

男生和女生除了生理上的差异外，还有很多其他方面的差异，如兴趣方面的差异。男生更多地喜欢关注战争军事，体育竞技等话题，女生则更多地关注美容、明星、言情小说等话题。如果男女学生在一起，交流的内容可以相互补充，丰富彼此的话题，拓宽彼此的视野。从个性差异来讲，男生性格相对"粗线条"，大多数表现得不那么爱斤斤计较。女生性格相对细腻、敏感。男女生之间通过彼此相处，互相借鉴性格上的优点，相互补充，相互影响，能够为人际的交往打下良好的基础。

相关链接

太空飞行中的问题

美国宇航局曾发现一个奇怪的现象，在国际空间站里工作的宇航员在太空飞行中经常出现头晕恶心等身体不适的症状。后来，心理学家提出了一个建议，就是在原来清一色的男宇航员中加入女性宇航员，这一问题很快就得到了解决。同性群体中加入异性，气氛变得不再单调，工作效率还可以提高。

"非常野餐"

某中职学校组织学生外出野餐。第一天，老师让男女同学分席而食，结果是男生个个狼吞虎咽，女生则嬉笑吵闹，同样的杯盘狼藉。

第二天，老师让男女同学合席而餐，你来猜猜情景如何？

常言道"男女搭配，干活不累"，这就是奇妙的"异性效应"。在人际关系中，异性间相互接触会产生一种特殊的相互吸引力和激发力，并能从中体验到难以言传的感情追求，对人的活动和学习通常起到积极的作用，这种现象称为"异性效应"。这也能够解释为何在一些活动中，有异性在场的情况下，我们会更加注意自己的表现和形象，还会表现得比没有异性时更加出色。

问题：为什么异性的出现会给同学们带来如此大的差异？

在生活中，你曾经遇到过类似有趣的情况吗？

二、异性交往的原则

既然异性交往有诸多好处，那我们是否可以无所顾忌地交往呢？当然不行，异性交往也是要遵守一定原则的。

活动训练1

表演小品：放学路上，男生小 A 和小 B 遇到女生小 C 和小 D

小 A 很紧张，看到女生来了，脸红红的，头低低的，一句话都不敢说。

小 B 举止粗鲁，叫小 C："喂，三八婆！"。

小 C 很生气，攻击小 B："你叫谁三八婆呢？你找死吧！"

小 D 则拉住小 C 的手说："走吧走吧，我妈说过别跟他们男生打交道，没有一个好人！"

想一想：1. 你认为这些同学在交往过程中存在怎样的问题？

2. 看了上面的小品，你能否总结出男女同学交往过程中需要注意的原则？

1. 异性交往中的"自然原则"

在与异性交往过程中，我们在言语、表情、行为举止，情感流露等方面要尽量做到自然、顺畅，要大大方方，更要做到彼此尊重。

2. 异性交往中的"适度原则"

男女在正常交往过程中，异性间的界限不必过于分明。大家可以多进行一些集体活动，但要注意不能过多地参与异性之间的单独活动，注意男女生之间应把握好交往的"尺度"，不能过于亲密。有时候，距离是一种美，更是一种保护，这不仅体现对异性的尊重，更加体现了对自己的尊重。

相关链接

森林中有十几只刺猬冻得直发抖，为了取暖，它们只好紧紧地靠在一起，却因为忍受不了彼此的长刺，很快又各自跑开了。可是天气实在太冷了，它们还是想靠在一起取暖，然而刺痛使它们又不得不再次分开。就这样反反复复地分了又聚，聚了又分，不断在受冻和受刺之间挣扎。最后，刺猬们终于找到了一个适中的距离，既可以相互取暖而又不至于彼此刺伤，享受着彼此的温暖。

三、学会把握"恋爱"的时机

明确早恋的定义

人生中的一个特殊的时期——青春期，经常被人们形容为"花季、雨季、爱做梦的时期"。在这个时期里，男女生敏感、脆弱、冲动，提到异性之间交往，就会自然而然地想到"恋爱"，也确实有些同学很难把握异性交往的"度"，谈起了恋爱。很少有人真正地去想一想，该阶段谈恋爱是不是一个适宜的行为。

小链接：趣味心理学实验——延迟满足实验

心理学家把几十个孩子带到一个玻璃屋，每人发一块糖，告诉孩子们："如果你能够等待 3 分钟后再吃掉这块糖，你就可以再得到一块糖。"

猜猜看，孩子们会怎么表现？

这个实验当时并没有结束，心理学家对这些儿童长期跟踪表明：在实验中能抵制糖的诱惑，忍耐到 3 分钟后才吃糖的孩子们，在未来做事的成功率远远大于其他人！

想一想

这并不是一个关于恋爱的实验，但在早恋的问题上，上面的实验带给我们什么启发呢？

其实，每个人都有恋爱的权利。有这样一种关于恋爱的观点：爱情是美好的，这种美好不仅是我们能够体验幸福的美好，更在于它产生时机的美好。早恋遭受人们反对的原因正是它所产生的"时机"不适宜。如果你肯停下脚步等待一下，爱情将更加值得期待！如果能够等待一段时间再得到满足，你将获得更美好的爱情。

小提示：早恋的定义

A. 发生在生活、经济上尚未完全独立阶段。

B. 距离法定结婚年龄尚有一段时间。

C. 发生在未成年群体里的恋爱行为。

四、爱是一种权利，更是一种能力

追求爱情是人性的需要，但在现代社会，有些观点认为爱不仅是一种权利，更是一种能力的表现。大多数相爱的恋人都想走进婚姻的殿堂，共同生活，然而，在生活中，我们会面临许多现实问题。这就要求需要夫妻双方拥有一定的工作能力，凭借自己的劳动能力，解决生存问题，让生活变得幸福、美满。现在有一些学生，把宝贵的学习时间用在了谈恋爱上，错过了培养自己学习和工作能力的最佳时机。虽然他们提早地感受到了所谓爱情的"甜蜜"，但当更现实的生活摆在他们面前时，由于他们没有能力去应对，爱情变得不再甜蜜。因此，学生应该集中精力去学习知识和技能，等待拥有了一定的工作能力，能够用自己的双手给予对方幸福，才能使爱情生活更加美好和长久。

相关链接

"痴心"的小男孩

一个12岁的中国小女孩随父母移居德国，一位德国男孩喜欢上了她。一次小女孩生病了，男孩也因此无心读书，回到家中。他的父母了解了原因后，对他说："你喜欢上一个女孩子很好啊！不过，等你们结婚的时候，需要住房，汽车，还有漂亮的结婚礼服，你若好好读书，能够挣到足够的钱，这一切肯定能如愿以偿。可如今你连自己都照顾不好，回到家里来伤心，又怎么能照顾好你未来的妻子呢？"于是，小男孩擦干眼泪，背上书包去上学了。

思 考

有的同学说，爱情面前不应该总是谈与"物质"相关的话题，你怎么看待这样的说法？

五、正确看待校园中蔓延的"爱"

话题讨论一：

你怎么看待校园里"情侣"们的这些行为？

· 夜幕降临，小花园里的长凳上，如胶似漆地卿卿我我。
· 晚自习后的宿舍楼前，依依不舍地相互道别。
· 上课都不忘手拉着手。
· 在教学楼里搂搂抱抱，旁若无人。

在我国，不提倡中职学校的学生谈恋爱，大多数学校都有相关的明文规定，在校园里，男女同学不得有过于亲密的动作。众所周知，学校是公共场所，是学习的场所，男女同学在学校里，尤其是在其他同学面前旁若无人地做出亲密举动会让人感到不自在，影响到他人的正常的学习生活，给他人带来困扰。这些举动无疑是不适宜的，同时也是个人缺乏礼仪素养的表现。

话题讨论二：

关于校园恋情，有的同学会持有这种态度："谈恋爱这件事就是没事做，填补空虚，玩玩而已，我才不会想那么远，以后的事情以后再说！"你同意这种观点吗？为什么？

中职学习阶段是中职生世界观、人生观形成的重要时期，在这个阶段里，学生即将走向成年，生理和心理等各方面也在走向成熟，是我们步入社会，为开创未来人生打下基础的重要阶段。一个人成熟的重要标志之一——拥有责任心，这表现在他能够为自己所做的每一件事情负责任，对他人负责，对自己负责。因此，在对待恋爱这件事情上，我们应该采取更为谨慎的态度，这样才能体现我们的责任心，也体现我们在不断成长和成熟。

拓展阅读

1. 农夫和儿子

一个农夫的儿子早恋了。农夫知道后，一声不吭，他将院子里苹果树上所有未成熟的苹果摘了下来。儿子放学回到家，看见桌子上一筐筐未熟的青苹果，很纳闷："这些果子又吃不成，摘了多可惜呀！"父亲看见儿子回来，便走出院子，拿起竹棍，"噼里啪啦"地敲起了枣树上未熟的枣。儿子怀疑父亲是不是疯了？他终于忍不住对父亲说："您现在把枣都打光，秋天吃什么呀？""这跟早恋又有什么区别呢？"农夫看着儿子静静地说。儿子恍然大悟。他果断地走出了那场早恋，全身心地投入到学习中去了。那年秋天，他家树上没有收获到成熟的苹果和枣子。但他知道：在人生的秋天里，一定会收获很多的果实，包括美好的爱情。

2. 过早的"爱"让我沉重——来自一个中职学生内心的声音

那次在一棵丁香树下偶遇后，我们开始交往了。我们沉浸在爱的海洋里，从没想过学习以及今后要面对的未来。三年后，面临毕业，有一个很好的单位来招聘，我却因学习成绩和业务能力都比较差落选了。

毕业后，我一直没有合适的工作，只好在家闲着，而他找了份不大满意的工作。他平日忙于奔波，我整日迷茫，我们的恋情再也不像从前那样快乐了。我没有工作，他的工作也不理想，他家人坚决不同意我们在一起。回想起荒废的三年时间，我觉得很不值得。我经常在想，如果当初我们不认识，我们的人生将会怎样？

在一个飘着小雪的星期天，我回到了母校，看到我们曾经一起度过快乐时光的校园，空荡荡的，挂满雪花的树上有一颗颗的红豆，摘下来，放在嘴里，好苦。

② 课外活动设计

1. 采访你身边的情侣：

你们怎样看待自己的恋情？

你们怎样规划自己的未来？

在你们的恋爱过程中，你觉得你是一个敢于承担，对自己、对对方负责有责任心的人吗？

2. 观看电影《花季雨季》

利用课外时间观看电影《花季雨季》，在观看过程中要注意影片中主角人物青春期情感的萌动，以及他们解决自己小情感的方法，和同学一起分享观后感。

第九课　　学会感恩

感恩是一种生活态度，更是做人应该具有的一种美德和修养。一个人不懂得感恩，只知一味地索取，不知回报，最终只能变得自私冷漠；只知一味地怨天尤人，埋怨生活，会让人变得消沉、萎靡不振，最终可能一无所有。对青少年来说，感恩绝不是简单回报父母的养育之恩，它更是一种责任意识、自立意识、自尊意识和健全人格的体现。

案例导入

黄香温席：相传东汉时期有一个叫黄香的孩子，母亲早逝，九岁的他和父亲相依为命。酷夏时，每天晚上他都先给父亲扇凉枕席，并驱走蚊蝇，以便父亲安歇；寒冬时，小黄香每天晚上读完书便用自己的体温为父亲把冰冷的被褥暖热，让父亲温暖地睡下。日复一日，年复一年。黄香小小的年纪就有这样的孝心，也使他在做人、求学上有所成就。后来他当了官，做了尚书令，成为以孝闻名、以孝施政的榜样。黄香温席的事迹也被历代传颂。

议一议

1. 为什么黄香温席的事迹会被世代传颂？
2. 我们从故事中受到哪些启发？

温馨提示

羊有跪乳之恩，鸦有反哺之义。

一日为师，终身为父。

赠人玫瑰，手留余香。

一、心存感恩，树立感恩意识

1. 感恩的含义

感恩，一般解释为，对别人的帮助表示感激，并予以报答。千百年来中华民族一直就有"受滴水之恩，当涌泉相报"的优良传统。感恩是一种美德，是一种积极向上的生活态度，更是一种处世的和谐之道。

相关链接

"感恩"是个舶来词。在西方，每年十一月的最后一个星期四是感恩节（thanks for giving）。在我国，重阳节、父亲节、母亲节、教师节等节日都带有感恩之意。

2. 感恩的意义

我们的一生都需要感恩。自从降临到这个世界上，我们每一步的成长和发展，都离不开祖国的关怀、父母的养育、师长的教诲、同学的帮助、朋友的关爱、大自然慷慨的赐予。因此，我们应该时常怀有一颗感恩的心。感恩祖国，让我们在祖国母亲的怀抱里茁壮成长；感谢父母，他们给予我们生命，抚养我们成人；感恩老师，他们教会我们学会做人、学会做事；感恩同学，他们让我们懂得了友情，获得了鼓励；感谢对手，他们促使我们不断进取、努力；感谢太阳，它给了我们光明；感恩雨水，它滋润了万物；感恩大地，它给了我们提供生存空间。

感恩之心，好似冬日里的暖阳惬意温馨，又似雨后的甘露沁人心脾；学会感恩，感激一切使我们成长的人和事，为自己已拥有的而感恩，感谢生活给予的一切，生活将赐予我们灿烂的阳光。这样我们才会拥有积极的人生观，才会拥有健康的心态；学会感恩才能发现世间的真、善、美，才能欣赏生活的绚丽多彩，才能体会到人生的快乐与幸福。

感恩让我们拥有健康阳光心态，使我们在失败时看到差距，在不幸时得到慰藉、获得温暖，激发我们挑战困难的勇气，进而获取前进的动力。就像罗斯福那样，换一种角度去看待人生的失意与不幸，对生活怀有一份感恩的心，才能使自己永远保持健康的心态、完美的人格和进取的信念。感恩不纯粹是一种心理安慰，也不是对现实的逃避，更不是阿Q的精神胜利法。感恩是对生活的爱和希望，它让我们以一种积极的心态去面对人生中的风雨。

感恩不是压力，不是桎梏，更不是债务负担，而是一种责任。这种责任能催人奋进，激发斗志，使人成长。中华民族是敢于负责和感恩的民族。"国耻未雪，何由成名"，这是爱国之责；"春蚕到死丝方尽，蜡炬成灰泪始干"，这是奉献之责。责任心与感恩心是密不可分的，感恩有赖于责任的依托，很难想象，一个没有责任心的人会有很强的感恩之心。在感恩的过程中，我们会成长为身心更健康、更完美的人。

相关链接

一次，美国前总统罗斯福家失盗，许多东西被偷。一位朋友闻讯后，忙写信安慰他，劝他不必太在意。罗斯福给朋友回了一封回信："亲爱的朋友，谢谢你来信安慰我，我现在很平安。感谢上帝，因为第一，贼偷去的是我的东西，而没有伤害我的生命；第二，贼只偷去我部分东西，而不是全部；第三，最值得庆幸的是，做贼的是他，而不是我。"对任何一个人来说，失盗绝对是件不幸的事，而罗斯福却找出了感恩的三条理由。

活动训练1　没理由不感恩

活动要求：针对每一事例写出三种感恩理由。

1. 放学后，我和同学去网吧玩。父母批评了我，我要感谢父母，因为＿＿＿＿＿＿＿＿＿＿＿，因为＿＿＿＿＿＿＿＿＿＿，因为＿＿＿＿＿＿＿＿＿＿＿＿。

2. 课堂上，我玩手机。老师批评了我，我要感谢老师，因为＿＿＿＿＿＿＿＿＿＿＿，因为＿＿＿＿＿＿＿＿＿＿，因为＿＿＿＿＿＿＿＿＿＿＿＿。

3. 周日返校，我迟到了。老师批评了我，我要感谢老师，因为 _____ _____，因为 _____，因为 _____。

4. 竞选班干部或系干部时，我失败了。我要感谢对手，因为 _____，因为 _____，因为 _____。

5. 身边的同学总是挑别我的毛病，我要感谢他（她），因为 _____，因为 _____，因为 _____。

相关链接

资料1：某机构调查显示，在接受调查的青少年中，只有30.9%的学生在家里会经常主动地帮忙做一些力所能及的家务活；每年都会在父母的生日时向父母表达祝福的只占21.4%；平时在家里，经常会向长辈表示感谢的学生只占17.1%，仅13.8%的学生会经常对老师们的辛苦付出表示感谢；半数以上的孩子将"拿到更多压岁钱"当做春节期间的重要目标，缺乏感恩和感谢意识；近一半的学生认为父母关爱自己理所应当，没有意识到父母养育自己所付出的辛苦。

资料2：据多家媒体报道，杭州10岁的柴熠玮小朋友收到爷爷给的压岁红包后，也塞给爷爷一个红包——一封信：亲爱的爷爷：您好！我已经10岁了，感谢您对我10年来的养育，感谢您这10年来的关怀，感谢您能让我快乐地成长……

议一议

1. 针对资料1和资料2中的现象，请谈谈你的看法。

2. 联系自身实际，请说一说你是怎么支配自己的压岁钱的？

二、学会感恩，孝敬父母

"谁言寸草心，报得三春晖"，在我们的生命中最应该感恩的莫过于自己的父母了。父母的爱是世界上最伟大、最无私的爱，父母的恩情深似海。自从我们呱呱坠地，他们付出了无数的心血和汗水；在我们咿呀学语时，他们教会了我们最美的语言；在我们挑灯夜读时，他们默默递上一杯热奶；在我们成功时，他们比我们还兴奋；在我们失意时，他们永远会在第一时间陪伴左右。

然而，在现实生活中，不少青少年以自己为中心，不知道珍惜所拥有的优越条件，厌学、贪玩、迷恋网络、对抗父母师长、自私霸道，盲目攀比、暴力倾向严重，眼中只有自己，没有他人，只知索取不知回报，不懂感恩。

相关链接

一个刚和母亲吵完架的女孩赌气离家出走，面摊的老婆婆请这个饥饿的女孩吃馄饨，女孩满怀感激，刚吃几口眼泪就掉下来了，她向老婆婆讲到自己和母亲吵架，抱怨母亲的不是，感谢老婆婆对她那么好。可老婆婆竟平静地和女孩说了这样一段话："孩子，你怎么会这么想呢？你想想看，我只不过是煮了一碗馄饨给你吃，你就这么感谢我，那你妈妈煮了十多年的饭给你吃，你怎么会不感激她呢？你怎么还要跟她吵架？"生活中，有时我们对别人给予的小恩小惠"感激不尽"，对亲人一辈子的恩情却"视而不见"。

议一议

1. 结合你自身的经历，说说这个故事给你的启发是什么？
2. 我们应该怎样感谢父母或其他长辈的辛勤付出？

雪花会感激天空，小草会感激土地，作为子女，我们要感激父母。我们要时刻怀着感恩的心，积极地回报父母，孝敬父母，让父母不再为我们操劳担心，让他们快乐幸福地安享晚年。

感恩父母的方式有很多种，下面列举几种常见的方式。

第一，了解父母各个方面，如父母的工作是什么？辛苦吗？父母最喜欢吃的食物是什么？你了解父母的身体健康状况吗？父母生日是哪一天？

第二，尊敬父母，对父母有礼貌，听从父母的正确教导，不当面顶撞父母，不和父母发脾气。

第三，生活节俭，无浪费现象，不乱花钱，不向父母提过高要求。

第四，替父母做力所能及的家务，减轻父母负担。

第五，有心事主动和父母说，经常与父母聊天，多和父母沟通。

第六，遇到重大的事情，要和父母商量，征求并认真考虑父母的意见。

第七，在家多陪陪父母。外出时，在征得父母同意后，应把去向和时间告知父母。

第八，努力学好各门功课，经常主动向父母汇报自己在学校的学习生活情况，不让父母操心。

第九，父母有做得不对的地方要诚恳指出（要注意方式，忌简单粗暴）。

活动训练 2　感恩父母，反省自我

活动要求：对照以上感恩父母的方式，结合自身实际情况，填写如下表格。

感恩父母的方式	做得好的方面	做得不好的方面	其他感恩方式

三、学会感恩，行善他人

一个经常怀着感恩之心的人，心地坦荡，胸怀宽阔，会自觉、自愿地帮助他人，并从中获得快乐。人的一生就是感恩的一生，我们沐浴着他人的恩泽，感恩是我们一生的使命，让我们以感恩的心将我们的爱撒向这个世界；学会感恩，自觉地承担起对父母、对自己、对他人、对社会的责任。

相关链接

感恩行善——高中生拿压岁钱分送流浪人员

春节期间，在长沙5个孩子拿出压岁钱，跟随4位家长到长沙火车站分送给流浪人员，他们说"能帮助他人，即使冬天也温暖"。其中年纪最大的是17岁男孩蒋湖容，最小的只有5岁。14岁的邱玲做义工有几年了，她说要好好读书，将来考上大学，凭借自己的力量帮助更多需要帮助的人。"孩子拿压岁钱去帮助他人，自己也获得了快乐。"蒋湖容的父亲说。他带着儿子做公益有三年了，现在儿子懂事多了，回家也不怎么上网玩游戏了，压岁钱都存起来，谁需要就给谁。"我们想通过这样的活动让孩子懂得世间有人需要关爱。"邱玲的大伯说，"这有利于孩子的成长。"孩子用压岁钱帮助他人的同时，自己也获得了快乐，这是一种爱心教育。

议一议

1. 你赞同这5个孩子的做法吗？为什么？

2. 如果再拿到压岁钱，你会像这5个孩子一样捐赠给灾区或其他需要帮助的人吗？为什么？

四、感恩社会，共创和谐

构建和谐社会与社会的每个成员息息相关，拥有感恩之心的人会始终以微笑面对世界、面对人生、面对朋友、面对逆境。学会感恩社会，关爱弱势群体，让感恩的种子在社会这个大家庭里生根发芽、开花结果，这样生活才会充满了阳光与希望，社会才能和谐发展。

感恩不要仅发于心而止于口，对别人给予的帮助和恩情，我们一定要把感谢的话说出来，把感恩之情表达出来。任何时候都不能忘记，这不仅是表示感谢，而且是一种内心的交流。在这样的交流中，在感恩的瞬间，我们会感受到世界会变得格外温馨和美好。

相关链接

湖南两姐妹在小时候有一次不幸落水，被一位好心人救起，那个人没有留下姓名就走了。两姐妹和她们的父母觉得，第二次生命是人家给的，却连一声感谢的话都没来得及说，发誓一定要找到这位恩人。他们整整找了20年，两姐妹的父亲去世了，她们和母亲千方百计地继续寻找，终于找到了这位恩人。两姐妹跪拜在地上向恩人答谢时，那位恩人以及过路人禁不住落下了眼泪。

1. 这个事例告诉我们什么道理？
2. 俗话说"大恩不言谢"，请谈谈你的看法。

活动训练3 "说出你心中的感激"

活动内容：回想身边的人对你的关爱、帮助和鼓励，或许平时说起会觉得难为情，那么现在，把你心中的感激之情写在小纸条上，真诚地说出来吧。

五、感恩自然，保护环境

大自然是生命的源泉，她给予人类生命和美丽的生存环境，和煦的阳光，壮丽的山河，清新的空气以及芬芳的花草。自然是人类无形的守护神，她倾其所有为我们所用，是如此的慷慨大方。接受了大自然恩赐的我们却很少感恩大自然的心，相反却是不断地破坏大自然，致使生态环境满目疮痍。这样破坏大自然的举动，其实真正伤害的是人类自己。

相关链接

以活熊取胆为主业的"归真堂"申请上市引起轩然大波。中药协会在京召开的发布会上，协会会长房书亭力挺活熊取胆产业，称取胆过程"就像开自来水管一样简单，自然、无痛，完成之后，熊就痛痛快快地出去玩了。我感觉没什么异样，甚至还很舒服"。

说一说

1. 你赞同活熊取胆行为吗？为什么？
2. 现实生活中，我们应该怎样感恩大自然？

同学们，行动起来，从我们做起，抓住生命的每一分每一秒，做好自己，满怀着一颗感恩的心，珍爱来之不易的幸福生活；奋发向上，承担起对自己、对父母、对他人、对社会和对环境的责任。保护环境，热爱大自然，为自然植上一份新绿，少一份荒芜；不乱丢弃垃圾，不让污秽的尘埃侵蚀我们美好的家园；多使用环保手袋，摆脱白色污染；只要你我多一些感恩自然的心，青山就会常绿，环境就会更美，人类与自然就会更加和谐！

拓展阅读

为感恩父母，武汉大学男生每逢假期就帮母亲扫街

吴楠帮着扫大街，让母亲感到很欣慰。

武汉晨报报道：在武汉青山和平大道建七路，每逢寒暑假深夜，人们都会在路边看到这样一对特殊的身影——一位40多岁的女环卫工手脚麻利地扫着垃圾，而在她身边一位略带腼腆的清秀男生，也握着扫帚帮着清扫。他们不是同事，是母子。母亲夏芳华是青山城管局建设七路环卫队班长，帮她扫地的是正在上大学的儿子吴楠。

从小，父母的工作一度让吴楠感到自卑，但随着年龄增长，他逐渐消除了这种自卑心态，逐渐理解了父母，也不再忌讳别人知道父母的工作了。为了弥补内心的愧疚，从大一起，他每逢假期都帮母亲上街清扫。如今，帮母亲扫街，不再怕见熟人。"再有人问起，我会骄傲地告诉他们，我是环卫工的儿子！"

吴楠至今还模糊地记得，自己两三岁时，父母在板车前挂一个吊篮，自己就坐在吊篮里，跟父母一起出门。因为忙，夫妻俩与孩子交流的时间也很少，再加上经济收入并不高，家里日子过得较为窘迫，这一切都让成长中的吴楠感到了压力，也产生了自卑心理。

改变——母亲叹息让他重视自我。

从小学到高中，他几乎从不与人讲父母的事，每逢遇到同学说家里情况时，他都远远跑开，实在躲不过去了，他也只会说自己的父母是"城管局的"，绝对不会在外人面前提起"环卫工"三个字。他担心，一旦别人知道了这个秘密，自己将会在同学中无法抬头。坚守这个秘密是异常辛苦的，如此沉重的压力使得原本内向的他更加沉默寡言，自卑感也越演越烈。

转机发生在吴楠考上大学后。一次回家后，吴楠正赶上母亲下夜班回来，劳累了一夜的夏芳华连连感叹："老了，扫不动了"。看着母亲粗糙的双手，吴楠忽然觉得格外揪心："这就是我的妈妈，是用自己辛勤双手将我养大的环卫工妈妈。"从那时起，吴楠认真反思，第一次感到自己以前是多么的幼稚，多么的可笑。从那时起，他下定决心要改变自己。

体验——第一次扫街，感受艰辛。

吴楠至今还记得，第一次拿着扫帚来到夜市时，当时整个人都傻了，看着堆积如山的垃圾，自己完全无法想象靠母亲的一双手是如何一点点清扫完的，再加上酷热难耐，蚊蝇乱飞，他的眼泪忽然流了下来，此刻，他才真正感受到了母亲的伟大。自从打开心结后，吴楠再也不忌讳和同学谈论自己的家庭，也不忌讳谈论父母是环卫工，甚至对自己新交的女友也坦诚相告，对方都没有因为这个嫌弃他："环卫也是一项重要的工作，环卫工人也是自食其力，为城市美丽添砖加瓦，有什么低人一等？"

坚持——每逢假期就帮母亲扫街。

亲身体验过父母的工作后，吴楠为此前的自卑感到羞愧，也为自己一直对父母的误会感到内疚。为了弥补内心的不安，他每年假期都会抽时间帮母亲扫街，风雨无阻。

如今，正在找工作的吴楠希望能找到一份好工作，用双手回报父母。

相关链接

国家助学政策，一头连着党和国家，一头连着万千学子。在助学政策的"阳光"普照下，已经有万千名学子圆了他们的求学梦。"根儿，你不用出去打工了，可以重新回学校上学了！"当老师高喊着挽留下了即将踏上旅途的学生，激动地诉说着上中职能享受国家资助的好消息，当送孙儿出门的爷爷眼睛里噙满了热泪，一个叫做沈勤根的年轻人的命运，彻底改变了。当时不满18周岁的沈勤根曾准备外出打工，在了解到国家助学政策后又回到校园。"根儿，你要好好读书，现在你还不能为国家做什么，但以后一定要做一个对国家有贡献的人！"他永远忘不了第一个月拿到国家助学金150元时，父亲跟他说的这句话。为了这份沉甸甸的承诺，他在学校苦练本领，力争做一个对国家有用、对社会有用的人。他根据自己的经历写成《连夜坐火车赶回家乡上中职》一文获得全国中职生文明风采大赛征文特别奖。

课外活动设计

1. 以"从中职生资助政策所想到的"为题，写一篇感恩祖国母亲的作文。要求字数不少于 1000 字。

2. 写"遗书"

活动要求：每位同学写下 20 字以内的"遗书"。假设身处前往某理想目的地旅行的飞机上，飞机在飞行过程中突然遭遇故障即将坠毁。课堂上要求学生在 5 个手指上写下人生中重要的 5 个人，而后逐一划去，最终留下最重要的一人，并为生命中最重要的人写一份"遗书"。

交流分享

(1)谁是你最终留下的最重要的人？为什么？

(2)请说说你的感受和感悟。

3. 完成"六个一"，即为父母洗一次脚、准备一份爱心早餐、制作一张健康提示卡、记录一个幸福瞬间、编写一条温暖微博、讨要一句压岁箴言，以加深对父母的理解和感情。

第十课　拥有阳光心态

　　在同一件事情面前，不同的心态可以带来不同的体验和结果。积极的心态让我们用阳光的态度面对生活，而消极的心态则让我们总是置身于沮丧和失败中。生活中许多客观事实是我们无法改变的，但能够改变的是我们的看法、态度，使我们总能有良好的心态去面对学习、工作和生活。

案例导入

　　两个欧洲人，到非洲去做皮鞋生意。当他们到达非洲，发现当地人习惯光着脚，根本不穿鞋！看到这样的情景，其中一个人立刻失望起来："这些人都不穿鞋，怎么会买我的鞋呢？"于是他放弃努力，沮丧地返回。而另一个人却惊喜万分："这些人都没有鞋穿！这里的市场很广阔呀！"于是他积极开拓市场，最终大获全胜。

议一议

　　1. 为什么两个人的结局不同？

　　2. 在生活中，你还能举出类似的情形吗？

温馨提示

心态是成功的基石，心态决定命运。

一、积极心态的含义

积极的心态就是一种健康、向上的心理状态。这种状态可以包含热情、乐观、向上、阳光等等。

看看以下的状况，哪种属于积极的心态？而哪种属于消极的心态？

1. 觉得自己不是学习的料，每天上课趴着睡觉。
2. 有自己的奋斗目标，每天过得很充实。
3. 一点小的失败就受不了，容易放弃。
4. 上课不听讲，考试不及格完全不在乎。

想一想，你还能说出哪些积极和不积极的心态？

二、积极心态的作用

1. 积极心态为我们带来快乐、满足

拥有积极心态的人，总是习惯于去发现事物光明的一面，好的一面，会感到快乐和满足；相反，消极心态的人在遇到事情时，总是习惯于去关注事物的阴暗面，觉得事情总是那样糟糕，总是在抱怨，抱怨环境，抱怨他人，抱怨自己倒霉，总是不满意，自然也就体验不到快乐和满足。

相关链接

有一个叫黄美廉的女子，自小就患上脑性麻痹症。此病症因肢体失去平衡感，手足会时常乱动，口里念叨着模糊不清的词语，模样十分怪异。在常人看来这样的人已失去了语言表达能力与正常生活能力，更别谈什么前途与幸福。但黄美廉硬是靠她顽强的意志和毅力，考上了美国著名的加州州立大学，并获得了艺术博士学位，她靠手中的画笔，很好的听力，抒发着自己的情感。

在一次演讲会上，一个中学生竟然这样提问："黄博士，你从小就长成

这个样子，请问你怎么看你自己?"在场的人都责怪这个学生不敬，但黄美廉却十分坦然地在黑板上写下了这么几行字:"一，我好可爱;二，我的腿很长很美;三，爸爸妈妈那么爱我;四，我会画画，我会写稿;五，我有一只可爱的猫;六……"最后，她以一句话作结论:"我只看我所有的，不看我所没有的!"

要想成功，必须要接受和肯定自己。在这个世界上，每个人都有着不同的缺点，但并非只有你是最不幸的。无须抱怨命运的不济，不要只看自己没有的，要多看看自己拥有的，就会接受和肯定自己。

2. 积极心态为我们带来健康和美丽

心态不够积极的人在遇到问题或困难后，总是将注意力集中在抱怨、发愁、沮丧上面，经常被郁闷的情绪所困扰。这些不利的情绪不仅无益于事情的解决，更会影响我们心情不好，久而久之，损伤我们的身体健康。积极的心态能够让我们以乐观开放的态度去面对各种人和事，保持心情舒畅，对我们的身体健康有益。

乐观本身就是一种积极向上的性格和心境。俗话说:"笑一笑，十年少!"心态健康阳光，心情舒畅，笑容常伴，也会使我们容光焕发，散发魅力。

相关链接

美国心理学家塞利格曼做过一个实验，他找来了 70 个心脏病人，在这 70 个人中，找出了最悲观的 17 个人和 19 个最乐观的人。他对这些病人进行了长时间的观察。在悲观的 17 人中，16 人因没有禁受住第二次心脏病发作而去世;而在 19 个最乐观的人中，只有一个人被第二次心脏病发作夺去了生命。可见，心态与我们的健康是有联系的，积极乐观的心态有利于我们抵抗疾病。

3. 积极心态帮我们战胜困难和挫折

人的一生总是会遇到各种各样的挫折，在面对挫折，尤其是战胜挫折时，更加需要我们用积极乐观的心态来面对。在遇到挫折时，积极乐观的心态带给我们战胜挫折的信心和动力，并引导我们用积极的态度去努力思考，付出行动，有利于我们更有效地去解决面对的问题和困难。

在"中国达人秀"总决赛的巅峰对决中，无臂男孩刘伟用双脚演奏的一曲深情的 *You are Beautiful* 脱颖而出，捧回大赛总冠军。

刘伟在 10 岁时因意外触电失去双臂，12 岁时开始学习游泳，14 岁时曾在残疾人游泳锦标赛上获得两金一银；19 岁开始自学钢琴，只用了一年时间，就达到相当于用手弹钢琴的业余 4 级的水平。

相关链接

刘伟语录

"我觉得我想做的事情，我就要把它做下去。我觉得我跟别人没有任何不一样，区别是你们用手做的事，我用脚做而已。"

"我觉得我的人生中只有两条路，要么赶紧死，要么精彩地活着，没有人规定钢琴一定要用手弹！"

"每一个人都要对自己的梦想负责，希望大家可以坚持自己喜欢的事情。我不抱怨什么，至少我还有一双完美的腿！"

三、培养积极心态

1. 运用积极的思维培养积极心态

俗话说"人生不如意，十有八九"，谁都无法避免消极的事情发生。大多数人碰到这类事情的第一反应可能是郁闷、愤怒，甚至抱怨。当然这都是正常的，因为我们需要适当的发泄。但无论怎样都不可能改变已经发生的事情，我们应该做的不仅是接受现实，而且要转变一下心态，换一个角度看问题，就会有不同的收获。

相关链接

1914 年 12 月，大发明家托马斯·爱迪生的实验室燃起一场大火。实验室是钢筋混凝土结构，照常理不易发生火灾，所以他只投了 23.8 万美元的保险，但这场事故却造成了 200 万美元的损失。爱迪生半生积累的财富及研究资料几乎都在大火中化为灰烬。

大火燃得最旺的时候，爱迪生的儿子查里斯在浓烟和废墟中找到了父亲。爱迪生静静地看着火势，没有一点儿伤心的感觉。当他看到儿子时，大声说："查里斯，你母亲哪儿去了？去，快去把她找来，她这辈子恐怕再也见不到这样壮观的场面了！"

第二天早上，爱迪生看着眼前的废墟，说道："灾难自有灾难的价值，我们以前所有的谬误和过失都被大火烧得一干二净了。我们应该感谢上帝，这下我们又可以从头再来了！"

火灾过去三个星期后，爱迪生就发明了世界上第一部留声机。

我们可以尝试一些有关积极心态的练习。大家都了解"习惯成自然"的道理，经常练习，将这种思维方式养成习惯，你会发现自己的心态开始变得积极了。

活动训练 1　积极思维小训练

情　　景	转变心态，坏事变好事
上班跑得太匆忙，下楼崴了脚	下楼脚崴了，还好/也许_____
马上到了车站，可眼看公交车开走了	没有赶上公交，还好/也许_____
上车后，司机一脚刹车，被前面的人狠踩一脚	我的脚被踩了，还好/也许_____
到了单位，情绪糟糕，什么事都干不下去，被主管批评了	被主管批评了，还好/也许_____

谈谈你的活动感悟：_____

活动训练 2　换个角度看挫折

想一件近期发生在你或他人身边的不理想、失败的，或是倒霉的事情，写在纸条上，交给自己的同学。

如果你是个消极心态的人，你会（怎样想，怎样做）_____
如果你是个积极心态的人，你会（怎样想，怎样做）_____
对比，想象两种结果的不同_____

2. 借助积极的方法培养积极心态

我们在面对消极情绪时，除了运用积极的思维方式外，还可以采取一些行之有效的方法，帮助我们摆脱消极情绪，充满进取精神。

下面就是培养积极心态的几种方法：

第一，言行举止必须像你希望成为的人一样。心态跟着行动走，积极的行动会激发积极的思维。你希望自己成为什么样的人，就从一言一行开始做起，训练和陶冶自己。

第二，保持愉快的心情。每天早上起床后，下决心度过愉快的一天，提醒自己控制不良情绪。如果因无谓的事而烦恼时，就要及时地调节自己的心情。

第三，要学会微笑。快乐是一种心态，会心的微笑表达的正是这种快乐。对他人微笑，能够培养自己乐观宽容的心态和对生活充满期待的美好精神境界。

第四，乐于接受批评。当你做错一件事时，没有必要在角落里过于自责，而应力求下一次把事情做得更好。为此，应该接受别人善意的批评，把它看成一种激励的力量，不应心存芥蒂，产生抵触情绪。

第五，不要抱怨生活。在日常生活中，持有消极生活态度的人常常喜欢抱怨。拿破仑·希尔认为，如果你常流泪，你就看不见星光。对人生和大自然一切美好的事物，我们要心存感激，那样人生就会显得更美好。

第六，与积极的音乐为伴。音乐可以影响人的情绪，积极向上的励志歌曲能够帮助我们摆脱消极情绪，我们可以多听一些鼓励人们积极向上的歌曲，如果可以跟着哼唱，效果就更好了。要尽量避免听一些内容消极压抑，让人悲观沮丧的音乐。

活动训练3　找一个积极的榜样

找一个积极心态的榜样，可以是你的父母、同学、亲朋好友、明星、伟人等等，他要具有值得你学习的某个方面。举出有关他们心态积极的例子，如果认为他们的心态积极，不妨尝试学习和模仿他们，一起做心态积极的人。

谈谈你的活动感悟：_____

_____

活动训练4　学习悟道

一位少年去拜访一位年长的智者。少年问智者：我如何才能变成一个自己愉快，也能给别人带来快乐的人呢？智者说：让我送你四句话吧。

第一句：把自己当成别人。

第二句：把别人当成自己。

第三句：把别人当成别人。

最后一句：把自己当成自己。

谈谈你的活动感悟：_____

_____

拓展阅读

1."山不过来，我过去"

有一个功德圆满的大师，有旅途中，遇到了一座凶险异常的大山挡路，他就念动箴言——移山大法，以求得通路。可是，世界上哪有什么移山大法？我们能做的就是：勾勒自己的人生，山不过来，我过去！生活中，会遇到各式各样的困难。有些困难，我们做些努力，就会渡过难关，而有些困难，当我们无法改变现实时，就需要改变和调整自己为人处世的方法，人生就会朝着我们自己选择的方向发展，困难也就会化为乌有。

第二次世界大战时期，有一对身在集中营的父子俩过着凄惨的生活。父亲说过一句让人震惊的话："这只是一场游戏，那些德国兵只是游戏中的角色而已，躲过他们，就能赢得游戏的胜利。"儿子最终奇迹般地离开集中营。这位父亲之所以能让儿子活着离开，是因为他帮儿子化解了生存和心灵上的巨大灾难。他把残酷的现实说成了游戏，使儿子的心灵不再受到死亡的侵扰，一心只想赢得胜利，使得儿子对胜利怀有希望。他们勾画了自己的人生，父子的境遇朝着自己选择的方向发展，最终活了下来。

人们不要依赖于一种现状，遇到事情不要做一味的等待或做"明知山有虎，偏向虎山行"的错误决断，要善于调整自己，勾画自己的人生未来，你就会朝着自己选择的方向发展。

2.跳蚤人生与心理高度

有人曾做过这样一个实验：他往一个玻璃杯里放进一只跳蚤，发现跳蚤立即轻易地跳了出来。再重复几遍，结果还是一样。根据测试，跳蚤跳的高度一般可达到它身体长度的400倍左右，所以其可以称得上是动物界的跳高冠军。

接下来实验者再次把这只跳蚤放进杯子里，并立即在杯子上加一个玻璃盖。"嘣"的一声，跳蚤重重地撞在玻璃盖上。跳蚤没有停下来，但一次次被撞，使其变得聪明起来，它开始根据盖子的高度来调整跳的高度了。过了一段时间，跳蚤再也没有撞到这个盖子，而是在盖子下面自由地跳动。

一天后，实验者把这个盖子轻轻拿掉，可跳蚤还是在盖子以下的高度继续地跳动。

一周过去了，可怜的跳蚤还在这个玻璃杯里不停地跳着——它已经无法跳出这个玻璃杯了。

现实生活中，是否有许多人也在过着这样的"跳蚤人生"？年轻时意气风发，屡屡去尝试成功，但是往往事与愿违，屡屡失败。几次失败以后，他们便开始抱怨这个世界的不公平，或者怀疑自己的能力。他们不是继续去追求成功，而是一再地降低成功的标准——即使原有的一切限制已被取消。就像刚才的"玻璃盖"虽然被取掉，但跳蚤已经撞怕了，不敢再跳，或者已经习惯了，不想再跳了。人们往往因为害怕失败，甘愿忍受失败者的生活。

跳蚤真的不能跳出这个杯子吗？绝对不是。只是它已经默认了杯子的高度是无法逾越的。

让这只跳蚤再次跳出这个玻璃杯的方法十分简单，只需拿一根小棒子突然重重敲一下杯子，或者拿一盏酒精灯在杯底加热，当跳蚤热得受不了的时候，它就会"嘣"的一下跳出去。

人有的时候也是这样。很多人不敢去追求成功，不是追求不到成功，而是心里有一个"高度"，这个高度常常暗示自己——成功是不可能的，是没有办法做到的。

"心理高度"是人无法取得伟大成就的根本原因之一。

不要自我设限，每天都大声地告诉自己：我是最棒的，我一定会成功！

课外活动设计

1. 戴一个"不抱怨手环"

科学研究表明，坚持21天可以形成一个习惯。美国著名的心灵导师之一威尔·鲍温发起了一项"不抱怨"运动，为了让大家真正做到"不抱怨"，每位参加者需要戴上一个特制的紫手环，只要一察觉自己抱怨，就将手环换到另一只手上，以此来提醒自己注意，直到这个手环能持续戴在同一只手上21天为止。我们可以将这种方法运用于塑造积极心态方面，为自己戴一个手环，每当出现消极念头的时候，手环可以提醒我们保持积极的心态！

2. 在生活实践体验中，总结出保持积极心态的好方法与同学分享。

第三单元

健康审美

第十一课　拥有健康美

　　崇尚美、追求美、拥有美、欣赏美是人类不懈的生活目标。由于世界各地历史、文化的差异，人们对美的认知和追求各有不同，但有一种美却是世界公认的并在努力追求的永恒之美，那就是"健康美"。

　　互联网上曾有过一个有趣的讨论：如果让你在"家庭"、"爱情"、"朋友"、"事业"、"金钱"、"健康"等诸多选择中，依次划掉一个选择放弃，只剩下一个可以拥有的，大多数人最终会选择"健康"。健康是我们生活幸福的前提，也是追求一切美的前提，没有健康就无从谈美。追求健康美，拥有健康美，既是每个人生活的基本追求，又是所有追逐美中的最高层次。

案例导入

　　陈逸飞是我国著名画家兼导演。他于 2000 年成立逸飞集团，致力于美的欣赏和传播。2005 年 4 月 6 日，陈逸飞在外景地忙于拍摄新片《理发师》时，突然病倒，被送到医院后几日便撒手人寰！陈逸飞的明确死因是肝硬化，他有10 年的肝硬化史，去世时年仅 59 岁，属于英年早逝。

　　作为画家的他留下了《双桥》等多幅充满意境的佳作，是一个美的追逐者和制造者。然而，健康欠佳却让他的逐美之路戛然而止，留给世人颇多感慨和遗憾。

议一议

1. 案例中，是什么让陈逸飞失去了对美的追求？
2. 看过上述案例后，你对健康与美的关系有什么认识？

温馨提示

有规律的生活原是健康与长寿的秘诀。——〔法〕巴尔扎克

你有一万种功能，你可以征服世界，甚至改变人种，你没有健康，只能是空谈。

一、健康美的内涵

"健康美"是一种积极的现代健康观念和审美意识，是由内及外、由表及里、多维全面的健康审美观，而不再是传统意义上的躯体健美。

1989 年联合国世界卫生组织（WHO）对健康作了新的定义，即"健康不仅是没有疾病，而且包括躯体健康、心理健康、社会适应良好和道德健康"。

世界卫生组织提出具体的健康标志是 11 条标准：

(1)有充沛的精力，能从容不迫地应付日常生活和工作，而不感到疲劳和紧张；

(2)积极乐观，勇于承担责任，心胸开阔；

(3)精神饱满，情绪稳定，善于休息，睡眠良好；

(4)自我控制能力强，善于排除干扰；

(5)应变能力强，能适应外界的各种变化；

(6)能抵抗普通感冒和传染病；

(7)体重适中，身材匀称而挺拔；

(8)眼睛炯炯有神，善于观察；

(9)牙齿清洁，无空洞，无痛感，无出血现象；

(10)头发有光泽，无头屑；

(11)肌肉和皮肤富有弹性，步态轻松自如。

世界卫生组织对健康的新定义，较为全面深入地概括了现代健康的内涵，代表了世界人民对现代健康的普遍理解和观念，为我们评价自己的健康审美

提供了具体的标准。

活动训练 1

经过小组讨论，派出代表，以关键词的形式列出并阐述小组成员对健康美的理解。选出各小组共同的关键词，形成对健康美的初步认识。

活动训练 2

我健康吗？

依据世界卫生组织对健康标准的界定，完成下表，对自身的健康状况进行评价，确定今后追求健康美的努力方向。根据自身状况，分别画出笑脸、无表情和哭脸。

评价项目	☺	😐	☹
精力充沛			
积极乐观，勇于承担责任，心胸开阔			
精神饱满，情绪稳定，善于休息，睡眠良好			
自我控制能力强，善于排除干扰			
应变能力强，能适应外界的各种变化			
能抵抗普通感冒和传染病			
体重适中，身材匀称而挺拔			
眼睛炯炯有神，善于观察			
牙齿清洁，无空洞，无痛感，无出血现象			
头发有光泽，无头屑			
肌肉和皮肤富有弹性，步态轻松自如			

谈谈你的活动感悟：_____

根据以上指标，对自身健康状况的总体评价是：_____

二、健康美的意义

1. 健康美是自信快乐生活的源泉

每个人都企望美，追求美，人的一生都在为梦想中的美而奋斗。人们注重通过美化自身以显示自我的存在和获得心灵上的满足。这些是人的一种天性。然而，没有一个健康的身体，一切无从谈起。

> 健康是智慧的条件，是愉快的标志。
>
> ——〔美〕爱默生

生活中我们每个人都关注健康，健康在人生中的位置是如果健康是1，爱情、家庭、事业、友谊、金钱……全是0。拥有健康并不意味着拥有一切，但失去健康则意味着失去一切！

所以，健康是人生最宝贵的财富，是拥有高品质生活的基础，是家庭幸福的重要指标。追求健康就是追求文明进步。

2. 健康美是职业生涯成功的基础

人的一生约有一半的时间都是在从事自己的职业，无论是为了谋生还是为了实现个人价值，每个人都希望拥有成功的职业人生，这就需要我们必须具备强健的体魄和健全的人格。强健的体魄是职业人完成工作任务的前提条件，健全的人格是职业人应对复杂工作任务与和谐人际关系的必要条件，只有健康的人才能成为21世纪全面和谐发展的人。

在发展迅速的21世纪，更多的人承担了巨大的身体压力和心理压力，这时我们应该及时检查自己的身体和心理，预防疾病，自我减压，劳逸结合，倡导科学、理性的工作方法和生活态度。

三、拥有健康美

1. 保持躯体健康

（1）影响躯体健康的主要因素

生活方式因素。自身不良的行为和生活方式，直接或间接地对健康带来不利的影响。它包括嗜好（如吸烟、酗酒、吸毒）、饮食习惯、风俗、运动、精神紧张、劳动与交通行为等。在当今社会中，由于不健康的生活方式可以导致多种疾病。癌症、脑血管病的发生，与吸烟、酗酒、膳食结构不均衡、缺少运动及精神紧张等有关；意外死亡，特别是交通意外与工伤意外等也与不良行为有关。

环境因素。环境分为自然环境和社会环境。自然环境因素包括阳光、空气、水等，这些无疑对健康有着直接的影响。自然界中的恶劣气候、有害的水和气体、噪声和污染物等，随时威胁着人们的健康。社会环境因素更复杂，安定的社会、良好的教育、发达的科学技术等，无疑对健康起到了良好的促进作用。和谐的人际关系、美好的家庭环境、融洽的工作、学习环境等均会起到促进作用，反之，则可能会影响健康。

生物因素。包括遗传、生长发育、衰老等。除了明确的遗传疾病外，许多疾病，如高血压、糖尿病等的发生，也包含有一定的遗传因素。寿命的长短，遗传是一个不可排除的重要因素。

卫生保健服务因素。包括良好的医疗服务和卫生保健系统，必要的药物供应，健全的疫苗供应与冷链系统，足够医务人员的良好服务等。

（2）如何保持躯体健康

良好的生活习惯。有规律的作息，充足的睡眠；戒烟戒酒，远离不良嗜好等。

适当运动锻炼。适当的运动锻炼，既可以提高身体的免疫力，又可以弥补调整躯体先天的不足，使我们拥有更健美的体魄。

合理膳食。民以食为天，合理的膳食结构，可以保持躯体的营养均衡。不挑食、厌食、过饱食，少食垃圾食品，按时吃饭等。

适当保健。关注躯体状况，坚持体检，采纳客观的养生保健建议等。

2. 保持心理和道德健康

伟大的艺术家罗丹曾经说过"人的一切都应该是美的，从外表到心灵……"。相较于躯体健康，对于 21 世纪的人们来说，心理和道德的健康显得更为重要。

（1）心理道德健康的意义

人们常说，21 世纪是压力时代，是心理健康特别重要的世纪。进入 21 世纪后，人们的生活节奏加快，工作任务更加繁重，竞争压力更大，在这样的情况下，最容易出现心理问题，影响人们的心理健康。心理健康对于一个人特别是生活在现代的人来说有着非常重要意义。

首先，心理健康是健康重要组成部分。只有心理健康，才能拥有完整意义的健康。其次，心理健康是行为健康的基础。只有心理健康，才有合理的正常行为。最后，心理健康是事业成功的重要因素。只有心理健康，才能成就其事业。

（2）影响心理道德健康的因素

生物遗传因素。有些心理疾病是与生物遗传因素有关系的。比如精神病，如果一个人家族里有人患过精神病，那么他的患病率就会高于没有精神病史的家族成员。

心理学因素。如童年或幼年的创伤以及早期教育不良的影响，对今后心理发展有着重要的影响；现代研究证明，很多疾病发生与人的某些心理类型密切相关；心理冲突如果长期存在，就会对躯体和心理产生不良的影响。

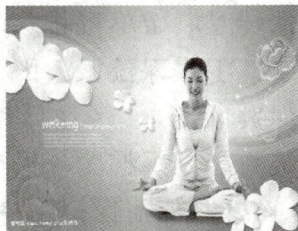

社会环境因素。如生活事件与环境变迁，家庭环境与学校环境，社会文化背景等。不良的家庭环境容易造成家庭成员的心理异常。父母怎样教育孩子，对孩子的心理影响很大，最能促进心理健康的教养方式是民主型。

生态环境因素。过于拥挤或嘈杂的生态环境因素易使人烦躁，直接影响人的心理健康。

上述各种因素既相互独立，又相互制约，一个人的心理健康往往是各种因素综合作用的结果。

（3）如何保持心理道德健康

拥有阳光的心态。人生不如意之事十有八九，要积极面对生活的不如意，保持知足、感恩、宽容、达观的心态。

正确认识自己、悦纳自己和别人，建立良好的人际关系，真诚待人，自信地面对学习和生活。

有效疏导自己的情绪，必要时进行合理宣泄，同时增强抵御挫折的能力。

学会简单的心理调节的方法，必要时去看心理医生。

注意培养情趣，陶冶性情。闲暇时不妨放下手里的工作、心中的烦恼，到大自然中去登山、观海、瞭望星空；或培养自己的爱好，如写书法、练瑜伽、跳舞、唱歌、写博客、做烹饪等。

活动训练 3

寻找身边"健康美"的身影

学完本课内容，相信同学们对健康美有了更深入的认识，那么在你身边谁拥有健康美，请你简单勾画出他（她）健康美的典型形象或特征，并用关键词引导的方式向全班同学进行介绍。其他同学对此进行讨论，看看你是否真正找到了健康美的身影。

体态健美

仪表整洁，作息有规律

热情乐观，助人为乐

谈谈你的活动感悟：_____

_____

1. 我自己是否拥有健康美？为什么？_____

_____

2. 今后努力的方向：_____

_____

📖 拓展阅读

进入 21 世纪，国际上对健康的定义更为广泛，世界卫生组织认为现代人身体健康的具体标准"五快、三良好"，这"五快"即"吃得快、便得快、睡得快、说得快、走得快"。别看这"五快"内容简单，但真正能做到并不容易。

吃得快：是指胃口好。什么都喜欢吃，吃得迅速，吃得香甜，吃得平衡，吃得适量。不挑食，不贪食，不零食，不快食。不是吃得越快越好，中老年人吃饭，要做到细嚼慢咽，充分分泌唾液，可以减轻胃的负担，提高营养吸收率，甚至可以减少癌症的发生。

便得快：是指大小便通畅，胃肠消化功能好。良好的排便习惯是定时、定量，最好每天 1 次，最多 2 次。起床后或睡眠前按时排便，每次不超过 5 分钟，每次排便量 250～500 克，说明肛门、肠道没有疾病。假如便秘，大便在结肠停留时间过长，形成"宿便"，有毒物质就会被吸收得更多，引起肠胃自身中毒，产生各种疾病，甚至患肠癌。

睡得快：是指上床后很快熟睡，睡眠很深，不容易被惊醒，又能按时睡醒，不靠闹钟或呼叫。醒来后头脑清楚、精神饱满、精力充沛、没有疲劳感。睡得快的关键是提高睡眠质量，而不是延长睡眠时间。睡眠质量好表明中枢神经系统兴奋、抑制功能协调，内脏无任何病理信息干扰。睡眠少或睡眠质量不高，疲劳得不到缓解或消除，会形成疲劳过度，甚至得疲劳综合征，免疫功能降低，产生各种疾病。

说得快：是指思维能力好。对任何复杂、重大问题，在有限时间内能讲得清清楚楚、明明白白，语言表达全面、准确、深刻、清晰、流畅。对别人讲的话能很快领会、理解，把握精神实质，表明思维清楚而敏捷，反应良好，大脑功能正常。

走得快：反映心脏功能好。俗话说"看人老不老，先看手和脚"、"将病腰先病，人老腿先老"。加强腿脚锻炼，做到活动自如、轻松有力，不要事事时时离不开车，不要忘记腿是精气之根，是健康的基石，脚是人的第二心脏。

"三良好"的标准是针对人的心理健康而言，即：

良好的个人性格：包括性格温和，意志坚强，感情丰富，胸怀坦荡，豁达乐观。

良好的处事能力：包括观察问题客观实在，具有较好的自控能力，能适应复杂的社会环境。

良好的人际关系：包括在人际交往和待人接物时，能助人为乐，与人为善，对人际关系充满热情。

怎样进行健美锻炼

1. 进行健美锻炼，首先要正确认识人的先天遗传与后天锻炼之间的关系。如人的面容、五官、身体的形态结构及各部分的比例，受遗传因素影响较大。但后天锻炼，对发展肌肉，强壮骨骼，增强各器官系统的机能，改善和弥补身体某些缺陷起着重要作用。

2. 要进行身体全面锻炼。青少年正处在生长发育的重要阶段，在锻炼中要采用多种多样的形式和手段，全面地锻炼身体，使身体均衡发展。

3. 健美锻炼要坚持不懈。人体结构和机能水平的改善，身体素质的提高，都是一个由量变到质变的过程。"三天打鱼，两天晒网"是很难收到实效的。只有坚持经常锻炼，人体的形态结构和机能水平才能逐步提高。

4．健美锻炼要循序渐进。在进行健美锻炼时，首先要科学地制定一个适合本人特点的锻炼计划。

5．学会健美锻炼的方法。健美锻炼要通过一定的方法和手段，使身体部分肌肉群得到锻炼。首先要学习、了解采用哪些方法锻炼哪些肌肉群；其次，在做练习时，动作速度要平稳，使动作全过程始终用力；再次，健美锻炼要采用隔天训练，持之以恒。最后，每次练习后，肌肉要有酸胀的感觉，同时要特别注意所练习的部位进行放松整理，增加肌肉的弹性，以取得较佳的锻炼效果。

课外活动设计

1．制作健康宣传海报

要求：

• 以小组为单位制作一张海报或一份剪报。

• 图文并茂，有色彩。

• 可以选择一个主题制作，也可以进行健康知识宣传。

2．每日 1 小时——我的健身日记

每人选择自己喜欢的一项体育运动（如跑步、篮球、足球、羽毛球、跳绳、踢毽子……）每日锻炼并坚持 21 天。记录每天的活动情况（时间、地点、人数、数量、锻炼后的感受等，每天要注明一个证明人），可以制作表格，3 周后上交，以班会的形式对大家的健身活动进行总结。

举例：每日健身 1 小时——羽毛球

每日健身 1 小时——羽毛球

班级：　　　　姓名：

时间	地点	人数	数量/质量	感受
2009.10.13	学校操场	2	3 个回合	比以前更灵活了，身心放松
2009.10.14	宿舍楼前	4	4 个回合	技术有提高

第十二课　体验劳动美

劳动是人类社会生存和发展的基本条件。劳动美是人自由自觉地本质力量的一种确证，是人的自我肯定、自我实现的重要方式，它是一切美创造的源泉，它美化着人的生活、美化着世界。劳动者是最美的，劳动创造的财富是最珍贵的。

案例导入

20世纪70年代初，美国麦当劳总公司看好中国台湾市场。他们在正式进军该市场前，需要在当地培训一批高级干部，于是进行公开的招考选择。由于招考的标准很高，许多初出茅庐的年轻人都没有通过。经过一再筛选，一位名叫韩定国的年轻人脱颖而出。在最后一轮面试前，麦当劳的总裁和韩定国谈了三次，并且问了他一个出乎意料的问题："假如我们要你先去洗厕所，你愿意吗？"还未等他开口，一旁的韩太太便随意答道："我们家的厕所一直都是他洗的。"总裁十分高兴，免去了最后的面试，当场决定录用韩定国。加入麦当劳团队以后，韩定国工作认真，经过一番努力，事业发展顺利，后来他成为中国台湾知名的企业家。

议一议

1. 韩定国成功的根源是什么？
2. 你怎样看待最简单的劳动？

温馨提示

> 我们世界上最美好的东西，都是由劳动、由人聪明的手创造出来的。
>
> ——〔俄〕高尔基
>
> 劳动是社会中每个人不可避免的义务。
>
> ——〔法〕卢梭
>
> 金钱是一天的财富，劳动是用不完的财富。
>
> —— 谚语

　　劳动美是美的重要形态之一。自从人类有了审美活动，劳动创造的美就一直围绕在我们身边。劳动美的范围十分广泛，既存在于生产劳动过程之中，也存在于劳动创造的产品或者服务之中，与人的日常活动紧密联系。

一、劳动创造财富

　　人类的生活是建立在劳动基础上的。我们今天所拥有的任何财富无不是劳动创造出来的。没有劳动，就没有人类的今天。劳动是人类社会生存和发展的根本条件，是创造价值的唯一源泉。在一定意义上说，人类历史就是在一定社会形式中不断开展劳动的历史。社会的物质财富和精神财富是通过劳动生产和创造的，劳动是使人安居乐业、维持社会稳定的手段，劳动是促进社会发展和进步的动力。

相关链接

劳动者的伟大创造——万里长城

　　万里长城始建于公元前7世纪，用于防卫侵犯。到公元前221年，秦始皇统一中国后，将这种防御城墙连贯起来，形成西起临洮，东至辽东的"万里长城"。长城是人类历史上一项宏大的建筑工程，它体现了中国劳动人民的意志与智慧，体现了中华民族的伟大气概和刚毅精神。万里

长城修建在崇山峻岭的最高处，沿山脊而筑，横贯于千山万岭。城墙大多用土夯筑，部分以石砖堆砌，通常高 7.5 米，城墙上每隔一段便建有一个烽火台。烽火台主要用于当时军事上联络信息，同时打破了绵绵城墙的单调感，使城墙更显雄奇险峻。

作为一座历史的实物丰碑，万里长城蕴藏的中华民族两千多年光辉灿烂的文化艺术的内涵十分丰富，除了城墙、关城、镇城、烽火台等本身的建筑布局、造型、雕饰、绘画等建筑艺术之外，还有诗词歌赋、民间文学、戏曲说唱等。古塞雄关存旧迹，九州形胜壮山河，巍巍万里长城将与神州大地长存，将与世界文明永在。

二、劳动创造美

劳动者按照美的规律创造美的产品或服务。劳动不仅可以按照物质的规律和使用价值的需要创造，而且，也可以按照美的规律创造。这种美的创造又因其目的不同而有不同的类别。

劳动创造的美，大致可划分为两大类。一类是依附于使用价值的美的创造。如日用品的美的创造，生产工具中的美的创造，交通工具中的美的创造，高科技成果的美的创造，食品的美的创造，服饰美的创造，居室美的创造，建筑物的美的创造，等等。这一类美的创造的特征就在于其按照美的规律的创造必须服从其使用价值的创造，以更充分发挥其使用价值为前提。另一类则以审美价值为首要目标的美的创造——即艺术美的创造。艺术美的创造按照艺术美的规律来创造。优秀的艺术品，能使人获得比自然美与社会美都丰富的美感，是人们生活不可缺少的组成部分。艺术美的创造同样离不开创作者辛勤的劳动。

相关链接

劳动创造美的典范——青花瓷

青花瓷又称白地青花瓷器，它是用含氧化钴的钴矿为原料，在陶瓷坯体上描绘纹饰，再罩上一层透明釉，经高温还原焰一次烧成。钴料烧成后呈蓝色，具有着色力强、发色鲜艳、烧成率高、呈色稳定的特点。目前发现最早的青花瓷标本为唐代；成熟的青花瓷器出现在元代；明代青花成为瓷器的主流，清康熙时发展到了鼎盛时期。明清时期，还创烧了青花红彩、孔雀绿釉青花、豆青釉青花、青花红彩、黄地青花、哥釉青花等品种。

我国古代青花瓷，画装饰清秀素雅，器底部的文字，案款识种类繁多，各时期的款识均有鲜明的时代特征。据青花瓷款识的形式，类来看，可分为纪年款、年款、颂款和纹饰款四大类。古代陶瓷款识，鉴定其制作年代的重要依据，于历代青花瓷的款识的字体、写法、料色和风格都有其显著的特点，因此，只要掌握了款识的基本规律，就能准确地判断古瓷的时代、窑口。古代青花瓷款识中的书法、图案，对于书画、篆刻艺术的创新也有很大的参考价值。

活动训练1　创造美——设计标志物或吉祥物标

给自己所在的小组设计一个标志物或者吉祥物，并给小组命名。设计要结合时代特色和专业特点，每位小组成员要集体构思，在合作中激发创造力和想象力。

每个小组派代表讲述制作过程及作品寓意，特别是作品完成后，面对成果的感受，并由小组交叉点评，给每小组评价、打分。

1. 小组名称_____　吉祥物/标志_____　寓意_____

2. 小组名称_____　吉祥物/标志_____　寓意_____

3. 小组名称_____　吉祥物/标志_____　寓意_____

谈谈你的活动感悟：_____

三、劳动塑造健康人生

马克思说过，劳动才是人的第一需要。著名教育家陶行知也说过，人生

两件宝，双手和大脑。前苏联教育家苏霍姆林斯基则认为，体力劳动对于小孩子来说，不仅是获得一定的技能和技巧，进行道德教育，而且还是一个广阔无垠、丰富的思想世界。劳动是人类的基本生存方式。没有一件事情的成功不是凝聚了艰苦的劳动，没有一个人的成长不是付出了艰辛的努力。任何有意义的劳动都会带给我们收获和果实。没有劳动，就没有人生幸福。

我们常说，幸福来自于家庭，在家里如果没有母亲洗衣、做饭、收拾屋子，就不可能有一个干净、整洁的家，就不可能吃上可口的饭菜，更不可能感觉到家庭温暖和幸福。歌唱家没有长期的勤学苦练是不可能成功的；体育明星也一样要付出大量的汗水，通过精益求精的刻苦训练才能成功。三百六十行，行行出状元，每一行的状元，无不是付出了大量的劳动才成功的。

劳动对塑造一个人的健康人格具有重要意义。美国哈佛大学曾经对波士顿地区456名儿童做过一项长达20年的跟踪调查，调查发现，爱干家务的孩子和不爱干家务的孩子相比，长大以后的失业率为1∶15，犯罪率为1∶10，爱干家务的孩子平均收入要高出20%左右。此外，这些人的离异率、心理疾病患病率也较低。这是因为，让孩子从小干家务，可以培养他们吃苦耐劳、坚忍不拔、珍重亲情、尊重他人等良好品质，长大以后自然比那些"四体不勤"的孩子更有出息。人的劳动，不仅决定了能否创造出财富、创造出成功的人生，更重要的是决定了我们将来能成为什么样的人。

四、尊重劳动，尊重创造

人类推动历史前进，劳动孕育历史创造。随着时代变迁，劳动模范精神代代相传，内涵也在不断丰富和充实。20世纪50年代的"淘粪工人"时传祥；60年代的"铁人"王进喜；70年代的数学家陈景润；80年代的"杂交水稻之父"袁隆平；90年代的公交售票员李素丽；21世纪的技术工人许振超、邓建军，还有私营企业主、农民工、体育明星等，他们因所处时代不同，都体现着鲜明的时代特色和高尚的价值观。

尊重劳动，尊重创造，首先要立足平凡岗位，要有艰苦奋斗、自强不息的劳动意识和学习精神。对于广大普通劳动者来说，知识和能力有限不要紧，关键是要树立劳动光荣、知识崇高的观念，要保持勇于学习、争创一流的精神状态。

只有这样，才能在知识技术一日千里的今天，不断用新知识和新技术武装自己，不断增强能力、提高素质，不断超越自我，创造亮丽的人生。

尊重劳动，尊重创造，就是要立足实际工作，与时俱进、开拓创新的意识和精神。在全球化浪潮中，工业化、城市化、市场化正推动着中国社会转型，引发了各个领域加速变革。从知识型、技能型工人许振超到邓建军的创新"绝活"，无一不立足于社会变革的需要，无一不紧扣企业的发展脉搏。新时代劳模的成才之路告诉我们，个人的需要必须融入企业和社会的需要，才能产生持久的进取动力，个人价值才能在自我超越中实现。

尊重劳动，尊重创造，就是要立足团结协作，淡泊名利、共同发展的奉献意识和团队精神。企业要发展，社会要繁荣，国家要富强，人民要幸福，一个王进喜、一个李素丽、一个许振超、一个邓建军是远远不够的，需要亿万劳动者的共同努力。各阶层的广大劳动群众，始终是推动我国先进生产力发展和社会全面进步的根本力量，始终是维护社会安定团结的可靠力量。

◆ 相关链接

普通工人的典范——邓建军

邓建军，黑牡丹（集团）股份有限公司邓建军科研组电气技术工人。勇于科技创新，不断冲击世界纺织难题，是邓建军身上最夺目的闪光点。坚守一线岗位20多年，他先后参与技术创新项目近500个，独立完成的就有150个，其中"染液组分在线检测和控制系统"等发明填补了世界上该领域的空白。

牛仔布的预缩率控制是个世界性难题，邓建军通过不断摸索，在失败中总结经验，终于找到了电子技术与气动技术结合这把破解难题的"金钥匙"，使"黑牡丹"牛仔布的预缩率精度控制在2.5%以内，优于3%的国际标准。多年来，邓建军屡屡上演"中国创造"的神奇，凭借浆染联合机的成功改造，在国内率先破解连续生产不停车的世界牛仔布染色难题，创造效益3000多万元。

2002年8月，公司新产品"竹节牛仔布"生产告急，如不能如期交货，公司就要丢掉400万美元的订单并加付违约金。为了使企业能闯过难关，邓建军带着科研组接连奋战15个昼夜，设计安装出4台生产"竹节牛仔布"的分经机，成本仅为进口设备的1/8，不仅保证公司按时交货，还赢

得 800 余万元的订单。

　　邓建军只有中专学历，在实践中不断学习、在学习中大胆创新，成为他几十年始终不变的习惯。如今，邓建军已声名远扬，但仍保持一线产业工人的本色，成为当代知识型、创新型产业工人的楷模。他以全国唯一的技术工人身份跻身年度中国纺织十大创新人物，被中宣部作为全国重大典型进行宣传。曾荣获全国劳动模范、全国五一劳动奖章、首批能工巧匠、全国技术能手、全国青年岗位能手、全国职工职业道德建设十佳标兵、中华技能大奖等荣誉称号。

活动训练 2　讨论我们该不该做值日？为什么？

　　有一位学习成绩较好的同学说："我上学是来学习知识的，不是每天来做值日的，我妈说了我学习好就行，打扫卫生不是我们学生的事，应该请保洁人员。"

　　值日是简单劳动，是一个人基本的劳动技能，如果一个人连简单的值日都做不好，更何谈独立生活？做值日不仅锻炼我们的基本生活技能，而且培养我们的集体主义观念。

　　写下你的观点：＿＿＿＿＿＿＿＿＿＿＿＿＿＿

　　谈谈你的活动感悟：＿＿＿＿＿＿＿＿＿＿＿＿

＿＿＿＿＿＿＿＿＿＿＿＿＿＿＿＿＿＿＿＿＿＿＿＿＿

相关链接

　　某报报道：上海某区评选优秀学生，从 28000 名中学生中挑出 17 名候选人。然而，当他们从考场门口走过时，脚踩测试者有意扔在门口的扫帚和抹布，却没有一人理会。这种现象并非偶然。一次千人的大型调查显示，有 85.7% 的孩子认为劳动没有必要，其中，32.3% 的孩子没有劳动习惯，37.2% 的孩子不知道怎样才算劳动。

五、体验劳动，体验创造

在劳动中体验，在体验中创新，在创新中创业，这是新时代对职业人的召唤。在平凡的工作岗位上追求价值实现的最大化，从而实现从传统型劳动者向德能兼备的现代职业人转变，从体力型劳动者向创新型职业人转变，这是时代精神赋予职业人的新境界。

劳动要付出体力或脑力，需要做出一定的牺牲，如果没有正确的劳动观念，就会认为是一项又苦又累的差事，害怕劳动，不愿劳动。我们要设法增强劳动情趣，培养合作意识，增强团队精神，运用多种手段在劳动过程中找到快乐，发现劳动中美的事物，才会心甘情愿地去劳动，去创造美。作为现代职业人，要在体验劳动中学会做事，在体验创造中提升做事的效率。

在家里体验劳动，体验创造。在家里体验劳动的形式有很多，做饭、收拾房间、打扫卫生等。比如做菜，我们大都能把菜切成粗细一致，厚薄均匀，长短大体相同，这就是在家庭中创造的美——形态美、生活美。还有缝补衣服、整理房间等，创造出了朴素美、环境美；洗脚、刷牙创造了自我卫生保健美等。在享受美的同时，也体验到了劳动的艰辛和愉悦。

在学校体验劳动，体验创造。在校园里面体验劳动的形式有打扫卫生、整理宿舍内务、校园劳动、班级环境美化以及帮老师做力所能及的事情等。比如班级环境美化，既为班级做出了自己的贡献，同时也锻炼了自己的创造能力；帮助老师做力所能及的事情，在体验劳动过程中，在老师的指导下获得宝贵的经验和技能，提高了自己的工作能力。

拓展阅读

1. 啃老族

"啃老族"也叫"吃老族"或"傍老族"。他们并非找不到工作，而是主动放弃了就业的机会，赋闲在家，不仅衣食住行全靠父母，而且花销往往不菲。"啃老族"是年龄都在 23～30 岁，具有谋生能力却仍未"断奶"，是靠父母供养的年轻人。社会学家称之为"新失业群体"。据中国媒体调查，目前"啃老族"主要有以下六类人：

一是大学毕业生，因就业挑剔而找不到满意的工作，约占20％。

二是以工作太累太紧张、不适应为由，自动离岗离职的，他们觉得在家里很舒服，约占10％。

三是"创业幻想型"青年，他们有强烈的创业愿望，却没有目标，缺乏真才实学，总是不成功，而又不愿"寄人篱下"当个打工者，约占20％。

四是频繁跳槽，最后找不到工作，靠父母养活着，约占10％。

五是下岗的年轻人，他们习惯于用过去轻松的工作与如今紧张繁忙的工作相比较，越比越不如意，干脆就离职，约占10％。

六是文化低、技能差，只能在中低端劳动力市场上找苦、脏、累的工作，因怕苦怕累索性待在家中，约占30％。

2."啃老族"引发的社会问题

(1)"啃老族"不就业、不学习，常年依附于家人，自身能力逐渐退却，游离于社会大环境之外，造成自身心理扭曲，引发自闭症、社交恐惧症，有的甚至会引发犯罪行为。

(2)"啃老族"给家人带来了极大的生活负担。目前，我国大多数中老年人的生活并不富裕，有的仅仅依靠有限的退休工资维持生活，却还要支付孩子的生活费、零花钱，甚至房贷。因此，老年人常常处于焦虑之中，多数家庭会因此引发争吵，导致家庭不美满，危机四伏。

(3)不就业的人口增加，相对的社会上要救济的人数也会增加，整个社会经济曲线亦会呈现下滑的趋势。这种状况直接影响国民经济的发展，给社会的稳定带来了冲击。

课外活动设计

1."我眼中的劳动美"摄影比赛

(1)外出寻找拍摄素材，可以农田、企业、工厂、车间、商场、超市等拍摄劳动场面，最好是选择从事职业劳动中的人们，或者是与其劳动成果。

(2)一周后上课与大家分享，讲出自己选景的理由，劳动美体现在何处。可以是照片形式，也可以是电子文件形式。

2. 劳动者是最美的人——班级劳模评选活动

(1)在本班内，投票选举热爱劳动为班集体做贡献的同学做"班级劳模"。

(2)并简要描述"班级劳模"的事迹。

第十三课　发现自然美

自然美无处不在，早晨漫步有清风拂面，朝霞满天；傍晚徜徉于校园，有花香扑面，杨柳轻扬；夜晚静卧，窗下有皎洁的月光洒落在你的枕旁。自然就在我们身边，你发现它的美了吗？你有被大自然所陶醉吗？

案例导入

高出海平面约8844米的珠穆朗玛峰是当之无愧的世界之巅。被冠以世界最高峰之后，珠穆朗玛峰吸引了许多人前往攀登。可是许多人都失败了。尽管有2200多人取得了成功，但是也有将近200人在尝试登顶的过程中丧生。2003年5月21日中韩联合登山队成功登上珠穆朗玛峰，在此次登珠峰全程直播的过程中，有一位昆明观众打电话说："云南有一座山至今还没有被人类征服，希望登山队去征服这座山。"站在6000米高处的本次登山活动的队长王勇峰说："不是征服，而是与山和平相处。"王勇峰对待高山的态度，平和得就像对待一个朋友。

议一议

1. 你认为人类登上了一座山峰，是否就意味着征服了它？
2. 如果你站在高峰之巅，你会说些什么？做些什么？

温馨提示

认识自然，顺应自然，尊重自然，敬畏自然。人类是自然的一部分，绝不可能凌驾于自然之上，否则，必将受到大自然的惩罚。

一、自然美是本色美

无论是未经人类直接加工改造的原生状态自然美，还是经过人工改造后的自然美，无不反映着生生不息和天然本色之美。

第一，自然美是天然的本色之美，出于自然造化之工，是任何人为艺术所无法替代的。黄山的怪石、九寨沟的五彩池绝不是出自工匠和画家之手，我们只能感叹大自然的鬼斧神工，它是我们艺术创作的宝库。

第二，自然美变化无穷，人会给自然美增加人文情趣。首先，自然美是互相映衬比照融合所产生的美。蓝天白云、青山绿水、红墙绿树等往往是相辅相成、相得益彰的。其次，自然美大多同人的实践活动相关。人往往按照自己的意愿来改变它的面貌，或移花接木增添人文景观，或移山造海改变山河原状，或编织神话赋予草木人格，或追溯历史与名胜古迹相伴。自然美与人工美的结合，使得自然美处在无限的变化之中。

第三，自然美主要是以其形式特征引起人的美感。自然美重在形式。自然物首先的是以其自身的属性如形状、色彩、动态、声音、气质而引起人的美感。

形状美。在美术中有形式美，自然美也遵循形式美的法则。大自然的各种形象因素的组合方式，契合美的法则是景物就美，契合程度越高，景物就越美。

色彩美。大自然的色彩主要有天空的色彩、云雾雨雪的色彩、池水的色彩、动物的色彩、植物的色彩。阳光能使大自然的色彩灿烂和富于变化。大自然的斑斓色彩美，给人们带来了愉悦的心情。没有色彩的大自然美就会大打折扣，失去审美情趣和审美价值。

动态美。大自然中的动态美是由流水、波涛、飞瀑、溪泉、烟岚、云雾及树木花朵的飘动和摇曳构成的。风是形成自然风景动态美的动力，尽管看不见摸不到，却能使云雾聚散、波涛翻滚、花香万里、柳枝拂动……

声音美。清泉叮咚、寂夜虫鸣、惊涛拍岸、百鸟鸣唱、飞瀑落潭、北风呼啸等不同的声响表现了自然的听觉美。这些声音就像天然的交响曲，对于久居闹市、长期处于噪声环境的人们来说是一种难得的精神享受。

气质美。古人讲究风度气韵，如形容男士的气质有温文儒雅、文质彬彬、气宇轩昂、豪迈不羁；形容女士的气质有玉貌花容、眉清目秀、秀外慧中、娇小玲珑等。大自然像人一样是有生命的，高山的雄伟、湖水的秀丽、大海的壮阔、峡谷的幽深、山石的险峻、岩洞的奇特……无不体现出自然的气质之美。梅、兰、竹、菊被称为"花中四君子"，分别代表着中国传统文化中的高洁、清逸、气节和淡泊的四种品格，它们的品质分别是傲、幽、坚、淡。

活动训练1　请你指出下列著名景区最显著的气质

华山

黄山

青城山

泰山

武陵源

峨眉山

云南滇池

雄_____ 奇_____
秀_____ 险_____
幽_____ 奥_____
旷_____ 奇_____

谈谈你的活动感悟：_____
_____

活动训练2　我心目中的自然美

使用材料：老师准备的若干张图片

活动步骤：首先将搜集到的四季美景、风景名胜图片以及人物照片分发给各小组，每组5～6张。要求各组同学讨论并回答两个问题，并展示答案。

1. 从这些图片中你感受的自然美在哪里？请作出简单说明。

2. 你发现的自然美有什么象征意义？你从他们身上学到了什么？请举例说明。

谈谈你的活动感悟：_____
_____

二、欣赏自然美

第一，欣赏大自然的美，可以激发人们热爱祖国的情感。中国幅员辽阔、历史悠久、地形复杂、气候多样，世界上像我国这样自然风景如此优美壮观、野生动植物繁多的国家是不多的。她是立体的画卷、有声的诗篇。我们欣赏自然美的同时就寄托着一份热爱祖国的情感。

第二，对自然美的欣赏，能够唤起人们对生活的热爱之情。也许有人认为生活的美好，就是物质生活的极大丰富，但真正美好的是祖国的和平安宁、社会的安定有序、家庭的幸福美满、人与自然的和谐相处。而当我们看到大自然的一片欣欣向荣、生机勃勃的景象时，必然会感到生活的美好，树立积极生活的良好心态。

第三，强化人的生命意识，培养人的生态意识。人是自然的一部分。自然是有生命、有灵性的。人对自然不能只讲征服和改造，还应该对其尊重、善待和保护。在现代文明对自然造成破坏的今天，自然美对于养成人的生态意识具有重要作用，它告诉我们如何去欣赏自然、热爱自然，在欣赏的同时提醒人们怎样去保护自然、美化自然，构建一个良好的生态环境。

第四，自然美能够陶冶人的性情，培养人的高尚情操。大自然是人们精神生活的重要寄托。自然美清静、质朴的本色，可以使人洗心涤虑，返璞归真。现代社会生活节奏快，欣赏自然美可以使人缓解巨大的压力，练就一种淡泊的性情、乐观积极的心态，使身心更健康。自然美雄浑崇高的景象，可以激发人奋发进取的勇气，树立高尚远大的抱负；大自然蕴涵着的无穷深奥的人生哲理，足以启人心智，发人深省，是人类最好的启蒙老师。

相关链接

长江三峡

长江三峡作为中国十大风景名胜区之一，以壮丽河山的天然胜景闻名中外。它西起重庆奉节县的白帝城，东至湖北宜昌市的南津关，由瞿塘峡、巫峡、西陵峡组成，全长 191 千米。三峡两岸悬崖绝壁，江中滩峡相间，水流湍急，是中国古文化的发源地之一，三国古战场。这里有诸多名胜古迹：白帝城、黄陵、南津关等，它们同旖旎的山水风光交相辉映，名扬四海。

三、增色自然美

只要你是一个尊重自然、热爱生活的人，善于运用感官发现自然美的有心人，就会敏锐地发现，生活中到处都有自然美。

1. 尊重自然，保护自然

我们要尊重自然，就像尊重每一个人一样。当走在花丛中，不要因为花朵的美丽而去采摘；看到美丽的小鸟在树上鸣唱，不要试图去捕捉它据为己有。人的食物主要来自植物和动物，如果这些动植物被环境所污染，人的食物自然就会受到威胁。我们应该善待自然，保护自然，从而才能拥有自然美、发现自然美。

相关链接

被动物的眼神打动——著名野生动物摄影家冯刚

冯刚曾是乌鲁木齐一所重点中学里最受学生欢迎的英语教师之一。由于喜欢看《动物世界》《人与自然》一类节目，冯刚 48 岁时开始从事野生动物摄影工作。从 1995 年至今，冯刚拍摄了以新疆地区有蹄类为主的 50 余种珍稀动物。长年累月的跋山涉水、风餐露宿，其中艰苦可想而知。更何况，冯刚身处大多是无人的荒漠、山林及海拔 4000 多米的雪域高原，不仅艰苦，更有危险。

"野生的动物真的很美！面对它们，你一定会赞叹自然的伟大。"采访中，冯刚不时会这样感慨。一位参观者留言："照片上最打动人的是动物们的眼神。但愿它们看到的只是人类的摄影镜头，而不是枪口！"的确，在冯刚的照片上，几乎所有野生动物都有着懂事的眼神、安逸的神态和鬃鬣飘拂、灵动矫健的身姿，既自由自在，又单纯可爱。在野外拍摄久了，冯刚有了自己的"守则"：大自然是动物们的家园，人类作为入侵者，首先要尊重它们，珍惜生命；拍摄是为了展示动物们的生存状态，绝不应伤害它们。他宁可舍弃动物奔跑的壮观场面，也绝不驱车穷追猛赶，因为动物们会一直狂奔至倒地不起为止。由于在环保方面的杰出贡献，他先后获得四项国家级环保奖。

2. 运用感官融入自然

亲临实景、实地体验是发现大自然魅力的前提。

（1）用心观察

大自然的馈赠就是自然风景。自然景物多处于开放的空间中，欣赏者可以选择不同的方向、高度以及不同的视角进行观察，这样便可以对某一景物的局部和全貌以及不同景物的相互联系获得一个全面而深刻的认识，在不同的位置上品味不同的美。

把握观赏距离。距离产生美，这是从长期的审美实践中总结出来的。观赏全景距离要远，观赏近景距离要近。观庐山瀑布只能远眺，赏洛阳牡丹只能近观。距离适当可以增加审美魅力。

选择观赏角度。观察要注意角度，角度不对就看不到美。同一景观在不同角度上呈现不同的美，正所谓"横看成岭侧成峰，远近高低各不同"。观赏角度有正视、侧视、平视、仰视、俯视。泰山要从正面的角度看才能感受到其巍峨之美；长城要从侧面看才能纵观其连绵起伏的美；站在北京景山万春亭上看故宫，宏伟的宫殿建筑群便一览无遗，壮美至极。

动静结合。"两岸猿声啼不住，轻舟已过万重山"是著名诗人李白的诗句，这是他在乘船游览长江三峡时，写下的动态观景时的感受。因此，步行或乘车乘船时观景，多是全面的、立体的感受。静态观赏就是在一个固定的位置上，仔细品味其中的奥妙，其中的美感是细致、深刻的。动态观赏和静态观赏是相辅相成、互为补充的，动静结合才是正确的观赏方法。

（2）驻足聆听

"春眠不觉晓，处处闻啼鸟"。大自然中有美妙音响，驻足聆听，美妙至极。风吹树叶沙沙作响，雨打芭蕉清脆动听，潺潺溪水，淙淙泉水，飞流直下的瀑布，万马奔腾的黄河，汹涌澎湃的大海，清晨鸟叫，夏日蝉鸣，都各自谱写着大自然的美妙乐章。

（3）沐浴自然

亲临实景，融入自然，我们应该尽情地享受大自然的沐浴和爱抚，接受阳光的普照，沐浴湿润的空气，感受春风的爱抚，体验海水的柔滑。

（4）吸收气息

依靠嗅觉，吸收大自然的气息，呼吸早晨新鲜的空气、雨后绿草的清香，扑面而来的花香……这些气息无一不让人心旷神怡。

（5）品尝果实

依靠味觉品尝清泉和甘甜的果实。济南趵突泉的水甘甜清澈、凉爽透心，新疆吐鲁番的葡萄皮薄肉嫩、汁多味美，三亚的芒果生酸熟甜、沁人心脾……我们应该放松身心，尽情享受大自然馈赠给我们的礼物。品尝纯天然的蔬菜、水果，更健康、更环保。

活动训练 3　观察盆栽植物

使用材料：盆栽植物 6 个

活动步骤：

1. 以小组为单位，每组学生利用课余时间准备一个小盆栽。

2. 将盆栽带到课堂上来，组员共同观察，调动各种感觉器官，如视觉、嗅觉、触觉等，然后小组同学总结、归纳植物的特点并记录下来。

3. 小组之间分享交流

活动时间：20 分钟。其中观察植物并记录 8 分钟，分享交流 12 分钟。

谈谈你的活动感悟：_____

_____

3. 欣赏与艺术相结合，善于联想与想象

我们常说"风景如画"，只有像发现艺术品一样发现自然美，才能感受到美，如果要想不遗漏掉身边的美景，更敏锐地发现美景，就应该学习一些形式美的法则和色彩常识方面的知识。画家的眼睛是敏锐的，就是因为他们拥有丰富的美学知识。在欣赏自然美时，还要善于运用联想与想象，如看见黄色可以想象到灯光、麦子、柠檬等，看到蓝色可以联想到天空、海洋、湖水等。

相关链接

《忆江南》

白居易

江南好，

风景旧曾谙。

日出江花红胜火，

春来江水绿如蓝，

能不忆江南。

[译文]江南的风景多么美好，如画的风景久已熟悉。太阳从江面升起时江边的鲜花比火红，春天到来时碧绿的江水像湛蓝的蓝草。怎能叫人不怀念江南？

4. 增加生活阅历，联系人文历史，触景生情

美的欣赏都是从直觉开始的。不同文化、时代、环境下的人对同一自然景物有不同的理解和感悟。如清代张潮的《幽梦影》："梅令人高，兰令人幽，菊令人野，莲令人淡，秋海棠令人艳，牡丹令人豪……"再如登泰山，联想到泰山作为历代封建帝王封禅的圣地，它有"五岳之尊"的崇高地位和象征意义，一种崇高感就会强烈的在心中激荡。

另外，一个人的生活阅历也会影响其发现、欣赏、感悟自然美。从个人感情出发去欣赏大自然是发现自然美的高级阶段，青少年要达到触景生情的高度并不是一蹴而就的，随着年龄的增长，阅历的增加，自然而然就会领会其中的内涵。

活动训练 4　谁不说俺家乡美

使用材料：背景音乐——歌曲《家乡美》

活动步骤：以小组为单位，每个人讲一讲自己的家乡自然美景，然后推选一名同学发言，以"谁不说俺家乡美"为题进行讲述。

活动时间：25 分钟，其中讨论 10 分钟，讲述 15 分钟（每人约 2 分钟）。

活动要求：可以从多角度表达自然美，如从优美的风景、名人轶事、幼年的美好回忆等内容入手，也可以从形式美、气质美、心灵美的角度出发，讲出自己心目中的家乡美。讲解时须站姿端正、表情自然、表达真情实感，发挥想象讲出对自然的独特理解。

谈谈你的活动感悟：_____

拓展阅读

四川九寨沟风景名胜区

1992 年 12 月九寨沟作为自然遗产被列入《世界遗产名录》。1997 年，又被纳入世界"人与生物圈"保护网络，是迄今为止世界上唯一同时获得这两项殊荣的景区。

九寨沟风景名胜区位于四川省阿坝藏族羌族自治州南坪县境内，距离成都市 400 多千米，是一条纵深 40 余千米的山沟谷地，因周围有 9 个藏族村寨而得名，总面积约 620 平方千米，大约有 52% 的面积被茂密的原始森林所覆盖。林中夹生的箭竹和各种奇花异草，使举世闻名的大熊猫、金丝猴、白唇鹿等珍稀动

物乐于栖息在此。自然景色兼有湖泊、瀑布、雪山、森林之美。沟中地僻人稀，景物特异，富于原始自然风貌，有"童话世界"之美誉。有长海、剑岩、诺日朗、树正、扎如、黑海六大景区，翠海、叠瀑、彩林、雪峰、藏情，被誉为九寨沟"五绝"。

九寨山水，天然原始，四季景色变幻无穷，尤其是秋季，沿湖连绵数十里彩林美不胜收。九寨沟的精华是水，湖、泉、河、滩连缀一体，千颜万色，高低错落的群瀑高唱低吟，大大小小的群海碧蓝澄澈，水中倒映红叶、绿树、雪峰、蓝天，变幻无穷；水在树间流，树在水中长，花树开在水中央，有"中华水景之王"的美誉。九寨沟景观的奇特之处，首先在于它有 108 个"翠海"（当地人习惯称湖泊为"海子"）。传说在十分遥远的年代，神女沃诺色姆的情人达戈送给她一面宝镜，沃诺色姆或许是太高兴了，不慎失手把宝镜摔成了 108 块，而这 108 块碎片便成了 108 个被称为"翠海"的彩色湖泊。其实九寨沟大多数湖泊的形成是与流水中含有的碳酸钙有关。九寨沟的山水形成于第四纪古冰川时期，现保存着大量第四纪古冰川遗迹。九寨沟的地下水富含大量的碳酸钙，湖底、湖堤、湖畔水边均可见乳白色碳酸钙晶体；来自雪山、森林的活水泉异常洁净，加之梯形状的湖泊逐层过滤，其水色愈加透明，能见度高达 20 米。

生命如花，只争朝夕

一朵花的寿命就是从绽放到凋零的时间。植物从第一朵花绽放到最后一朵花凋零的时间称为花期，整个花期就是一朵朵花壮观的生命接力。

"花无百日红"，寿命最长的花是热带森林中的一种兰花，寿命也不过 80 天左右。铁树花则可开 50 天，而大多数花花期都比较短。紫茉莉花争艳一日，蒲公英从上午 7 时到下午 5 时可开 10 小时左右，牵牛花从凌晨 4 时到上午 10 时可开 6 小时左右，荣华就在朝夕之间。而昙花只开三四个小时就凋谢了，所以有"昙花一现"之说。寿命最短的小麦花，有时仅开 5 分钟，生命短暂到以秒计算。

有些花的寿命虽短，但却需要漫长的孕育。梨树需要 4 年开花，银杏出苗后 20 多年才能开花，竹子则更长，按品种不同大约 15 年、30 年、48 年甚至 120 年才开花，而且一生只开一次花，花开后不久竹子就枯死了。开花最晚的是生长在玻利维亚的拉蒙弟凤梨，它至少要生长 150 年才能开出圆锥形的花，花期过后，立即死亡。

生命就像一朵花，却不能如花开花落周而复始，唯一的选择是只争朝夕地努力释放生命的光彩，才能不辜负一生一次的绽放。

课外活动设计

1. 风景摄影大赛

同学们利用课余、节假日的时间外出旅游，可以去附近的田间地头，山脚野外，动物园、植物园，也可以去风景名胜区，尽可能多地拍摄风景照片，然后挑选出拍得最好的 5 张，在班会上进行评比。全班选出一、二、三等奖并张贴于班级宣传栏中。

2. 美化自然

在自己家附近，或合适的野外场地种下一棵树，经常去观察它的生长状况，为绿化环境、美化自然尽自己的一份力。

第十四课 捕捉生活美

　　法国著名的艺术家罗丹曾经说过："生活中并不缺少美，而是缺少发现。"
生活是一幅色彩斑斓的画卷，生活的美无处不在，只要用慧眼去观察，用耳
朵去聆听，用心灵去感受，就会发现美存在于在生活的各个角落。大自然的
灵动、人与人之间的真情、家庭中的温馨、社会中的奉献，都是生活画卷上
一道道多彩多姿的美景。

案例导入

美，可以是一种自然景色

美，可以是人类社会中存在的某种感情

美，可以是一种信念与努力

美，可以是一种凝结的力量

议一议

1. 美，可以是景色、感情、信念、努力、团结，美还可以是_____。
2. 你还可以从哪些不同的视角来发现"美"？

温馨提示

生活可以让你有品位，生活可以让你无所谓；

生活可以让你很讲究，生活可以让你很将就；

生活可以让你很浪漫，生活可以让你很散漫；

生活，全在自己的把握。

一、发现生活中的美

在我们的生活中，每一天都有很多事情发生。也许是一个电话、一句话语、一个手势、一个动作、一个眼神……有人感觉到了，有人却没有感受到。倘若我们有一颗细腻的心，就会更加容易体验到这些点滴之美。

1. 学会感受生活

感受生活，就是从平淡如水的生活中整理出自己的情愫，睁大眼睛你会发现，一片落叶，一朵鲜花，一个微笑，一滴泪水，甚至是一把泥土，都可以引发我们无限的感慨。其中最关键的是我们要善于用心用脑，把生活的点滴融入心灵。

2. 学会思考生活

生活如四季，不断地变换着不同的色彩。做生活中的欣赏者、品味者、聆听者和思考者，思考生活之美，你会发现，生活如此精彩。

3. 学会欣赏生活

生活的快乐，源于我们对生活本身的关注与欣赏。一位作家曾经说过：生活的幸福在于欣赏。用积极的、欣赏的目光去看待生活中美的一面，你会发现生活是一首歌，你吟唱不完她的妙趣；生活是一首诗，你领略不尽她的精彩意境。学会用欣赏的眼光去看待生活，要知道生活因你而精彩，其中的酸甜苦辣靠自己品味。

我们不妨放慢匆匆的脚步，以一种超脱的心境，面对生活的每一个细小又平凡的片段，欣赏身边的良辰美景，尽情品味生活的快乐温馨。去观察，去体会，你会发现许多震撼和触动。

生活中美与丑的瞬间

"地铁孝子"

一张"孝子搂着老父亲睡觉"的照片通过一位记者的微博发布并被大家所关注，感动了万千网友。这张图片拍摄于上海地铁车厢，儿子安静地抱着睡着的父亲，把自己的包放在腿上，给老父做枕头。他们的面前放着许多行李。老父亲刚从家乡来到城里探望日夜思念的儿子，不堪旅途的疲惫，趴在儿子的腿上酣睡了起来。儿子也一动不动地搂着父亲，生怕惊醒了他。

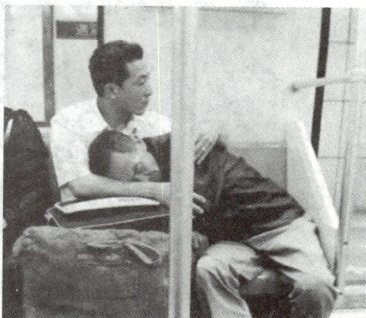

网友纷纷表示，地铁上有见过搂女朋友的，有见过搂孩子的，可这样搂着老父亲的还是第一次见到。于是，这张"地铁孝子"图片在短时间内就被转发了几万次。一个儿子再平常不过的举动，却让许多人感动得一塌糊涂。感动之余，更多的是重新审视自己：父母全力为我们创造幸福的生活，而我们给过他们什么？我们越来越自由，越来越独立，而家庭的观念越来越淡，亲情越来越远。我们有孝心，却极少付诸孝行。太远、太忙、太累、时间太少……更多的是我们为自己的行为找借口，却不肯为父母多做一些。"地铁孝子"，让多少人感动，又让多少人惭愧。

活动训练1 捕捉美点

生活中有一种美，叫做分享

生活中有一种美，叫做等待

生活中有一种美，叫做承诺

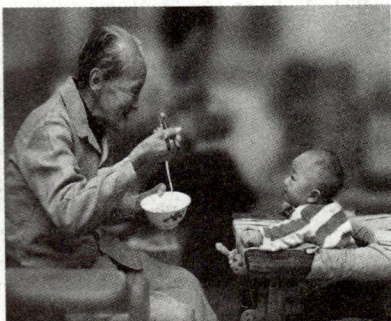

生活中有一种美，叫做关爱

生活中有一种美，叫做＿＿＿＿＿＿＿＿＿＿

生活中有一种美，叫做＿＿＿＿＿＿＿＿＿＿

生活中有一种美，叫做＿＿＿＿＿＿＿＿＿＿

在生活中你还捕捉到哪些美的瞬间？＿＿＿＿＿＿＿＿＿＿＿＿＿＿＿＿

＿＿＿＿＿＿＿＿＿＿＿＿＿＿＿＿＿＿＿＿＿＿＿＿＿＿＿＿＿＿＿＿＿

活动训练2　美眼看生活

在食堂，打饭师傅的一个微笑，使我感到＿＿＿＿＿＿＿＿＿＿＿＿＿＿

和志趣相投的伙伴在一起时，我感到＿＿＿＿＿＿＿＿＿＿＿＿＿＿＿＿

我对父亲印象最深的一件事是＿＿＿＿＿＿＿＿＿＿＿＿＿＿＿＿＿＿＿

在家中最温情的片段是＿＿＿＿＿＿＿＿＿＿＿＿＿＿＿＿＿＿＿＿＿＿

二、追寻高雅的生活

高雅的生活表现为积极向上的生活态度、健康乐观的心理状态，以及对生活中美好事物的执著追求，是健康、科学、文明、向上的生活。高雅情趣体现了一个人较好的内在素质和较高的文化修养，是其积极生活状况的反映。

第一，高雅的生活情趣，有助于提高我们的审美能力。它能促使我们发现美、欣赏美、感受美，领略自然、艺术和社会生活中的美；庸俗的生活情趣会损害人的身心健康。

第二，高雅的生活情趣，可以提升我们的生活品位和生活质量，促使我们获得心灵深处的愉悦，让灵魂得到洗礼和升华，使精神生活得到最大限度地满足。庸俗的生活情趣，使人眼界狭隘、庸庸碌碌，是道德水平和文化水平低下的表现。

那么，怎样培养高雅的生活情趣呢？

首先，热爱生活，培养积极向上的兴趣爱好是起点。

其次，丰富文化生活是重要途径。

再次，积极参加集体活动是有力保证。

最后，乐观豁达、风趣幽默的生活态度是必要条件。

活动训练3　家庭医生

想想自己的爸爸、妈妈、姥姥、姥爷、爷爷、奶奶、兄弟姐妹……在家庭生活中，他们有什么不良的嗜好？

家庭成员	不良的嗜好
爸爸	
妈妈	
爷爷、姥爷	
奶奶、姥姥	
哥哥、弟弟	
姐姐、妹妹	

想一想：

你怎样劝导他们，帮助他们改正不良嗜好呢？

_____

_____

活动训练 4　七嘴八舌议一议

1. 上面图片所展示的哪些是高雅生活所提倡的？哪些是庸俗的？分别对生活有哪些影响？

2. 请留意周围的 2～3 名同学，分别指出他们在生活中有哪些高雅的业余爱好、有哪些不良的嗜好，并帮助他们改正。

活动训练 5　火眼金睛

1. 爷爷是个书法迷，非常喜欢临摹各种帖子，在爷爷的熏陶下，我从小就开始练习书法，并会将书法作为我的终身爱好。（　　　）

2. 我是刘德华的超级粉丝，只要是他扮演的角色我在生活中都会去模仿。（　　　）

3. 街坊邻居们每天都会聚在一起打麻将，为了讨他们喜欢，我也和他们一起玩。（   ）

4. 我是个"博物馆控"，国家博物馆、首都博物馆、天文馆、美术馆等的各种展览我都喜欢去观赏，因为在观赏过程中可以无形地提升我的欣赏品位。（   ）

5. 小军喜欢收集军事装备的图片，从学校图书馆借来了新的《军事天地》杂志，并被一幅国外新型坦克的图片所吸引，目光久久停留在这幅照片上。最后他撕下了该页并珍藏起来。（   ）

相关链接

　　小唐是个集邮爱好者，每当他掀开自己心爱的集邮册，一个灿烂多姿的世界便呈现在眼前：祖国雄伟的万里长城，埃及壮观的金字塔，美国高耸入云的摩天大楼，英国现代化的港口……有田园风光、南国景象、森林绿地、天然牧场，还有已经绝迹的恐龙，人们想象中的凤凰，奔月的嫦娥，月宫里的桂树玉兔……小小的邮票不仅帮小唐了解各地的风土人情、物产名胜，而且陶冶了他的情操，让他陶醉在充满诗情画意的大千世界当中。

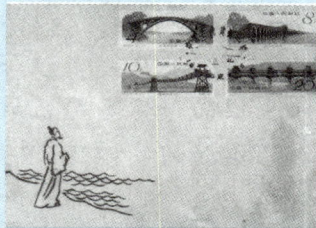

三、和谐之美

　　尽管现实社会中存在一些不和谐的阴暗面，但这毕竟只是少数。在我们的社会中，有许多没有被发现的无名英雄，他们默默无闻地在工作岗位上做着奉献。尽管默默无闻，他们却构成了中国的脊梁，成为社会的中坚力量，也给我们树立了最好的榜样。他们以实际行动告诉世人，社会本不缺少美，只是缺少发现美的眼睛。

镜头一："最美女教师"保卫学生，彰显师德

　　"孩子们躲开！"张丽莉一边呼叫，一边用身体顶开一个学生，用手推走另一个学生，自己却来不及躲闪，被猛冲过来的大客车撞倒在地，沉重的车轮无情地从她身上碾轧过去。那一刻，她只想推开学生。

"最美女教师"
舍身救学生彰显师德

2012 年 5 月 8 日 20 时 38 分，刚刚下课的佳木斯第十九中学初三学生，和往常一样欢快地冲出校门，危险却悄悄地向他们袭来。一辆失控的大客车突然冲着学生们撞了过去，几名学生却丝毫没有注意到。此时的女教师张丽莉一边招呼学生，一边环顾四周，突然发现了这一危机。情急之下，张丽莉将学生推向一旁，自己却被碾到车下，造成双腿粉碎性骨折，高位截肢。她用自己柔弱的身躯保护了学生，生死关头舍身救学生，真正诠释了"为人师表"的含义，是当代教师和全社会学习的楷模。无论张老师能否重新站立起来，她永远都是最美的教师，最美的女人。张老师用自己后半生的不幸换取了学生的生命，使他们免遭厄运。人们纷纷向张丽莉致敬，表达对她的尊敬和热爱，用图画、文字等多种方式，祈祷这位最美丽的女教师一生平安。

镜头二：杭州"最美司机"用生命诠释责任

吴斌是杭州长运客运二公司杭州-无锡路线的司机。2012 年 5 月 29 日中午，他驾驶大型客车从无锡返回杭州，车上共有 24 名乘客。11 时 40 分左右，车行驶至锡宜高速公路宜兴方向阳山路段时，一块大铁片突然从天而降，在击碎挡风玻璃后，砸向吴斌的腹部和手臂。面对突如其来的致命打击和惊慌失措的乘客，吴斌会怎么做？

监控画面记录下他当时坚强的 1 分 16 秒：被击中时的一瞬间，吴斌看上去很痛苦，本能地用右手捂了一下腹部，但他没有紧急刹车或猛打方向盘，而是强忍着疼痛把车缓缓减速，停靠在路边，打起双闪灯，拉好手刹，最后他解开安全带挣扎着站起来，回头对受到惊吓的乘客说："别乱跑，注意安全。"最终 24 名乘客无一受伤。这一幕感动了数百万网民，吴斌被赞为"最美司机"。车上一名周姓乘客回忆说，当时他正打瞌睡，听到一声巨响后就被惊醒了。"车子没有失控，而是稳稳地停了下来。我立刻跑上前去看，司机表情

很痛苦，已经说不出话来，腹部都是血……"周先生说，若不是吴斌的敬业，很可能发生车毁人亡的惨剧。吴斌随后被送往无锡解放军 101 医院救治。按医生的说法，他的肝脏就像被掏空了，多根肋骨断裂，肺肠也严重挫伤。6 月 1 日凌晨，吴斌因伤势过重去世。

拓展阅读

1. 欣赏生活中的美

生活如歌，或高亢，或低沉；生活如酒，或芳香，或浓烈；生活如画，或明丽，或素雅。因为欣赏，你才会感觉到生活是多么的美丽和温馨。

生活如歌

东边的天飘浮着层层粉红的霞，我骑着车向学校奔去。街上行人稀少，我被这宁静的气氛所陶醉，也不禁放慢了速度……这不正是宁静而美丽的晨吗？一阵扫地声打破了晨的宁静，我循声望去，看到了一个背影。弯腰、扫地、弯腰、扫地……动作很平常、很均匀，但没有因为汗水而停止，还是在继续着……突然，他转过身，我看到了他的模样，黝黑的皮肤略显疲倦，可他绽放的笑容是那么质朴、欣慰……呵！可爱的人，感谢他为这美丽的一天奏响了生机盎然的序曲。

生活如酒

灿烂的阳光透过玻璃射进了教室，老师站在讲台上，和蔼可亲地夸赞道："这次，刚转入我班的新同学小雪在书画比赛中得了一等奖，大家鼓掌祝贺！"

说罢，老师举起了她的作品。于是，教室里便沸腾起来了，同学们都争先恐后地伸出脖子往前看："哇！好美的画啊！"小雪仿佛品尝了美酒一般，心里美滋滋的。在老师和同学欣赏的眼光中，她找到了自信。

生活如画

太阳没有射出刺眼的光芒，只是无力地流出橘红的色彩。在我前面，一个盲人老奶奶戴着墨镜，拄着拐杖缓缓地前行。"当心啊！这里有一级台阶，我来扶您。"一个稚嫩声音划过我的耳畔，只见一个小女孩飞奔过来。我心头一热，多好的小女孩啊！在夕阳下，那一老一少的背影渐渐远去，与落日的余晖构成了一幅多彩的画卷。

美在环卫工人黑黝黝的脸上，在人民教师循循善诱的眼神里，在小女孩满含爱心的关切中……尘世的喧嚣和霓虹灯的艳影大概早已麻木了人们的感觉，人们似乎也早已忘记了生活的情趣。其实生活就如歌、如酒、如画，只要我们认真去品味、欣赏，你就会感觉到歌是如此动听，酒是如此香醇，画是如此优美！

2. 生活的内涵

· 生活原则：往高处立、朝平地坐、向阔处行。生活态度：存上等心、结中等缘、享下等福。生活目标：为社会奉献经典，为人生创造精彩！

· 生活永远充斥着鸡毛蒜皮的小事，过于关注必将被其所累。智者当松弛有度，难得糊涂。该糊涂时就糊涂，既轻松了别人，又饶恕了自己！

· 忙的时候要有空闲的心情，闲的时候要有忙碌的感受。生活是跷跷板，不是上便是下；人生是度量衡，不是高便是低。

· 假如你觉得自己的生活枯燥乏味，不要去指责生活，而应该认真检讨自己的心灵，心灵是自己做主的地方！

· 心放大点，天大的事也就变小，除了生命，一切都是小事，永远不要去为小事而烦恼。愉快地生活吧，善待别人，更要善待自己！

· 生活中如果只有幸福、快乐，没有苦难、悲伤，这样的生活至少不是人类的生活。企图只去选择享乐和满足的生活，只能带来愚昧和野蛮。

· 生活如爬山，经历九弯十八盘，经历奇山隆川，只有攀上顶峰的人，才可看到绝美的风景。生活中最艰巨的胜利，就是凡事突破常规观念所取得的胜利。

· 生活中的最大乐趣，是花时间去享受身边的每一样东西。对生活状况和别人要求越少，越易过平淡而快乐的生活。

· 多一点宽容，多一点理解，多一点沟通，多一点坦诚。现实社会，信用是金；网络世界，真诚是本。

· 生活，就像一个无形的天平，站在上面的每个人都有可能走极端，但这最终都是为了寻找一个平衡的支点，使自己站得更稳，走得更好，活得更精彩！

· 过所爱的生活，爱所过的生活，快乐的生活，才能生活快乐，快乐的工作，才有快乐人生，生活的理想其实就是理想的生活！

课外活动设计

1. 才艺大舞台

根据自己的爱好，展示各自的集邮册、小制作、小发明、书画、摄影、收藏等作品，谈谈这些兴趣爱好对自己生活的影响。

2. 设计"我的假期生活"

假期是由我们自己主导的，如何利用假期来纠正自己的不良生活习惯，使假期生活丰富多彩，可从体育类、文艺类、种植植物、饲养宠物、培训学习、考取证书、学习家务、实习等方面来设计自己的生活。

第十五课　欣赏美术美

美术是一种视觉艺术，在欣赏过程中，观赏者不仅能获得视觉上的快感，而且可以体验到作品中蕴涵的情绪和思想感情，与内心产生共鸣，加深对社会生活美、艺术美的感受，唤起创造美的意念。美术欣赏是一种特殊的复杂的精神活动，是人们在接受美术作品过程中经过玩味、领略、产生喜悦、爱好的过程。它对于提高的人艺术素养，陶冶人的思想情操，开阔视野，扩大知识面，具有重要作用。美术欣赏的最终目的是净化心灵、提升修养。

案例导入

在某知名企业的人才招聘大会上，有30余人共同竞聘该企业总部大厦前厅管理员这个职位，其中不乏一些著名高校毕业生，其主要工作职责是迎宾接待。面试的第一题是个人介绍及应聘这个岗位的优势，第二题是就一幅图片谈一下自己的感受。图片的内容是大小不同的、不规则排列着的 7 个色块，形成一幅抽象的画面。几乎所有的面试者都分别从色彩、图形以及画面组合等方面谈自己的感受，有的说七个颜色寓意彩虹，象征企业的蒸蒸日上；有的说不同的性格，不同能力的人在一起工作，象征着企业的人才济济，和谐相处，等等。职高毕业的小李在交卷前一分钟写下了几个字：抱歉，我看不懂！笔试结果出来后，小李成为进入第二轮面试中的三人之一。在面试官问他对画面的评价时，小李自信的说："我知道中国的写意画，也了解西方的印象派，但是贵公司的这幅作品我认为不代表任何意义，因为这幅作品就是简单的涂鸦，既没有作者的创作意图也没有产生任何美感，所以我回答看不懂。"幸运的小李竟然通过了面试，获得了这个职位。

议一议

1. 小李的面试成功给你什么启发？
2. 如果你是小李，当时会做出怎样的回答，请简要解释。

温馨提示

　　艺术的伟大意义，在于它能显示人的真正感情、内心生活的奥秘和热情的世界。

——〔法〕罗曼·罗兰

　　美术，是指创作占有一定平面或空间，具有可视性的艺术。通常将美术分为四大门类：绘画、雕塑、设计和建筑。美术作品有着丰富的功能。它可以净化心灵、鞭挞丑恶、培养审美情趣、提升修养境界、创造人文价值。通过欣赏国内外的绘画、雕塑、建筑艺术等美术作品，可以加深对美的理解，此外还会帮助我们了解不同国家和地区的自然、文化以及历史知识。

　　罗马尼亚画家博巴曾说过："一件好的作品因为其造型手法的美及人物内在情感而活着，使你激动，让你在很长时间不会忘记它。"它充分揭示了具有高度思想性、艺术性和生命力的美术作品的作用。怎样才能提高美术欣赏的能力呢？

一、欣赏美术作品的方法

1. 学会将美术作品放到文化环境中去欣赏

　　在评价美术作品时我们通常将注意力放在画面内容和真实物品"像"与否上，"像不像"成了评价艺术作品的主要标准，作品的其他方面常被忽略。艺术作品是观察、理解、情感、探索和创造能力的综合载体，它因人而异，所

以，在评价艺术作品时不能仅凭"像"与"不像"来衡量。我们应学会在欣赏中与画面交流，领悟美术作品的文化情境。任何美术作品都不是孤立存在的，都是在一定的文化环境中创造出来的，艺术家在创造艺术作品时，不可避免地受到所处环境的影响。因此，在欣赏美术作品时要把其放在一定的文化背景中去认识。那么具体怎么做呢？

为了更好地理解作品的内涵，需要了解作品产生的时代背景和相关的历史故事。例如达·芬奇的《蒙娜丽莎》就有必要了解有关达·芬奇生活的文艺复兴时期意大利以及欧洲的文化背景；欣赏前苏联雅布隆斯卡娅的《粮食》时，就应该知道当时前苏联经过战后洗礼，人们高涨的劳动热情和崭新的生活风貌。"艺术源自于生活而高于生活"，在进行美术欣赏时，还可以与生活经验联系起来，扩大视野，增强我们的感性认识，创造一个更为广阔的文化情境。人类经历数千年文明史，众多优秀艺术家的经典作品成为数量极广的艺术奇珍。通过欣赏作品获得美的体验和心灵的陶冶，获得审美能力的提升，了解人类的优秀文化，是一个人必须具备的能力和必然要求。

2. 对绘画作品要以理解的态度去欣赏

在欣赏之前要设法了解作品产生的原因，作者想要表达的内容，以及作品结构、形式的特征等。只有对这些真正理解了，才能和作者的作品在感情上交流。由于美术作品语言的丰富，人们欣赏的角度、侧重点不同，常常会发生意见分歧。因此，我们还要提倡相互尊重和宽容的精神。

3. 欣赏时要尊重自己的直觉与联想

欣赏的实质并不是表面的观看，而是感觉，因此，培养感觉和提高欣赏能力最重要的方法是多看。美术作品是在一定的空间上展现的视觉艺术，有其独特的艺术语言，其中对线条、色彩、构图的不同处理，实现了视觉效果的丰富性和多样性。欣赏美术作品是一种见仁见智的创造性活动。欣赏的动机，在于人们希冀通过艺术理解历史文化，理解创作的初衷。在欣赏过程中，从视觉到心理联想，不仅需要有一定的文化修养，还需摆脱陈规与公式的拘束。联想和想象是情感的双翼，借助它们，欣赏的层次便不断深化，达到心旷神怡的最佳审美境界。

二、提高美术欣赏能力的途径

利用课余时间走进博物馆、美术馆。美术欣赏能力的提高离不开大量欣赏活动的实践。实践是获得真知的根本途径，美术欣赏也是如此。

了解基本的美术常识。美术欣赏能力的提高，离不开美术的基本知识的储备，其中包括美术史常识和一般的美术理论，不同的美术门类有各自不同的物质特征和美学特性，必须采取不同的方法去欣赏。

掌握一定的人文常识。美术欣赏能力的提高需要掌握一定的社会、地理、历史和文化知识，有利于准确把握美术作品的创作环境。

运用网络和现代信息媒体，关注美术作品的创作者和评论家们的情况，及时掌握最新的作品和创作思想。

相关链接

绘画作品赏析——《蒙娜丽莎》

《蒙娜丽莎》是一幅享有盛誉的肖像画杰作，作者是意大利"文艺复兴三杰"之一的达·芬奇，尺寸77×53厘米，现收藏于法国巴黎卢浮宫美术馆，代表着达·芬奇的最高艺术成就。该作品成功地塑造了资本主义上升时期一位城市有产阶级的妇女形象。画中人物坐姿优雅、笑容微妙，背景山水幽深茫茫，淋漓尽致地发挥了画家那奇特的烟雾状"空气透视"般的笔法。蒙娜丽莎的微笑具有一种神秘莫测的千古奇韵，那如梦似的妩媚微笑，被许多美术评论家称为"神秘的微笑"。

达·芬奇在人文主义思想影响下，着力表现人的感情。蒙娜丽莎的笑容的千变万化，从不同的角度看有着不同的表情，比如，蒙娜丽莎明明在笑，但是当你愤怒的时候，她的表情也很愤怒。画面中她左边的背景和右边的背景不用，所以分别从左边和右边看都给人不同的视觉感受。

绘画作品赏析——《清明上河图》

该作品的作者是北宋画家张择端。画卷为绢本，纵24.8厘米，横528.7厘米，是一幅表现北宋都城汴梁（今河南开封）城市景观的画幅。《清明上河图》是中国绘画史上最著名的作品之一，不但艺术水平高超，而且围绕着它还流传下来许多有趣的故事。

画卷展开，人们的视线随着一条宽宽的河流进入了画面，这条河就

是当时为汴梁提供漕运，供应城市生活必需品的汴河，河上舟来船往运输繁忙，沿河还有许多的粮仓。靠岸的船只，搭着跳板，正在卸货。画家非常敏锐地观察到汴河上这一十分常见的景象，用写实的画笔，将这些场景真切、如实地描绘了下来。满载货物的船只吃水很深，水面几乎已经接近了船帮，而已卸完货的船只，则吃水较浅，这一细节很好地表现在画面上，具有极强的真实感。画家围绕这座桥，充分施展了自己的绘画本领，将桥上桥下的场景和人物活动做了全景式的描绘。最为精彩的部分，是桥下正要逆水而上的一条木船。这里河道比较狭窄，河水较为湍急，船上的船工怕有危险，都站在船甲板上、船篷上紧张地忙碌着、叫喊着。桥上甚至还有些热心者不顾自己的安危，跨越到拱形桥的栏杆外，一手拉住栏杆探出身子，大声喊叫，另一只手在挥舞，就像现在的交通警察似的，居高临下指挥着船只顺利通过。画中的人物大小仅寸许，但是神态毕现，极为生动，有种身临其境之感。

活动训练 1 "国画与油画"哪个美

根据中国山水画《江山如此多娇》和法国油画《郊外风景》作品，针对画面的色彩、构图和表现的意境展开讨论。

《江山如此多娇》
傅抱石、关山月合作

《郊外风景》
塞尚（法国）

这两幅风景画你更喜欢哪一幅 _____

请简要说出理由：_____

请找出不同地方：_____

三、雕塑艺术的特征

雕塑实际上是雕、刻、塑三种制作方法的总称。使用各种可塑的材料，如黏土、油泥等制作的手法叫塑造；以各种可雕可刻的硬质材料，如石头、木头等制作的手法叫雕刻。雕塑就其展示方式来看，一般可以分为圆雕和浮雕两大类。在雕塑的思维形态中，占据主要地位的是形象、体积、质感。雕塑是通过塑造可视的，可以通过触觉感受到的，具有一定的体积感和质量感的立体的视觉形象来记录生活、表现艺术家感受的一种艺术门类。

雕塑艺术的欣赏包括四个方面的内容：一是形象特征方面的欣赏；二是制作技巧与材料方面的欣赏；三是文化和美学特征的欣赏；四是观众想象力的参与。观赏者在欣赏一件雕塑时，要找出某一件雕塑中最具特点的形象特点，从而发现作品的美感或加深对作品的理解。雕塑是视觉艺术中的重要门类，实际上也是社会文化的组成部分。从古代的殉葬品，纪念性雕塑，到现代社会被艺术家所采用的表达自己思想与愿望的现代雕塑，无不反映了雕塑对社会生活的参与。雕塑的欣赏必须有观赏者想象力的参与。雕塑并不仅仅是一种空间静止的存在，而是时空的一种浓缩，是对社会形象、心理形象的精华的提炼。雕塑无法像舞蹈或电影那样，提供一系列连贯而丰富的形象，但雕塑家为大众提供了无数形象中最激动人心的形象。这些形象之所以在人们的心目中变得更加丰富，则必须靠观众的情感的参与。

相关链接

《维纳斯》

该作品是西方古典主义雕塑的代表作品。公元前 2 世纪古希腊雕刻，又称米洛斯的维纳斯。维纳斯之所以美，一是因为她的含蓄；二是因为她的残缺和不全。维纳斯所表现出的内在神韵还在于她的表情。她一改以往裸体女神的羞怯，而显出了一种落落大方，宁静而脱俗的神态。她

的脸上露出的是一丝淡得几乎让人感觉不到的微笑。维纳斯雕像的动人之处在于她那独有的"残缺的美"。几百年来，不少艺术家对这双残臂作出种种的猜测，他们提出许多修复方案，但没有一个复原方案能令人满意。维纳斯的断臂的美，就在于让人产生无穷无尽的想象，让人尽情感受她的整体美，留下空间让审美者用自己的心灵和感受去填补空白，这恐怕就是断臂所带来的残缺之美的妙处。

龙门石窟

所谓"石窟"，就是在石壁山崖上开凿的洞，或是天然形成的石洞，用以藏身或贮藏食物和物品。

龙门石窟是中国四大石窟之一，其他还有云冈石窟、敦煌莫高窟和麦积山石窟。龙门石窟位于河南省洛阳市南 13 千米处，凿于北魏孝文帝迁都洛阳（公元 494 年），直至北宋，现存佛像十万余尊，窟龛二千三百多个。龙门石窟造像，既是历代劳动人民和艺术家无穷智慧和血汗的结晶，又是外来文化和我国文化结合而成的一朵奇葩。在雕刻过程中融进了大量的现实生活，活生生地表现了各种人物造像的动人情景。如喜悦、慈祥、威严、矜持、苦痛，以至作为至高无量主宰的佛之庄严肃穆，胁侍人和供养人的虔诚宁静，无一不是艺术家们对现实的"人"的深刻观察，运用现实主义和浪漫主义相结合的表现手法，加以高度概括集中的结果。

中外雕塑艺术作品图片欣赏

秦始皇兵马俑　　　　　　　《思想者》　　　　　　　《掷铁饼者》

活动训练2　行为雕塑模仿与展示

1. 欣赏行为艺术资料，请几位同学进行简单的模仿。

2. 选取生活中有教育意义或者蕴涵深刻道理的主题进行"雕塑"展示。

3. 每个小组演出过程中可以有解说或音乐伴奏，最后评定优胜者。

思考：中国传统雕塑为什么与西方古典雕塑存在较大的差别？

你能从审美的角度谈一下自己的个人感受吗？

四、建筑艺术的特征

建筑是指人类为了满足自身需要而进行的建筑房屋和修桥筑路等各种改造自然的工程活动。建筑的本质在于它是人所创造的，供人居住和活动的场所，具有"实用、坚固、美观"三大要素。建筑艺术是指人们在建筑活动的基础上为了满足物质和精神生活需要而创造的一种空间造型艺术，是一种实用与审美相结合的艺术。建筑的美，主要是在其特殊的物质材料和技术的基础上建立的形体结构所体现的造型美。在欣赏时，最直接的审美体验是从建筑的造型中获得的。建筑艺术的寓意象征性是指建筑师们根据自己的审美体验、审美情趣和审美理想，在建筑作品中所追求的某种意境或所隐喻的意思内容。那该如何欣赏建筑艺术之美呢？

首先，了解和掌握一定社会文化内涵。建筑艺术不是孤立存在的，任何一个民族、一个时代的建筑作品，都是其所处民族、时代文化整体中的一种艺术的物化表现。例如，欧洲也只有到了中世纪晚期，社会文化开始闪现变

革之光，才会有哥特式教堂的出现。中国封建社会晚期，封建宗法礼制的强化与北京城及宫殿的关系，以及中西方不同的自然观与中西方园林建筑艺术风格的关系，等等，无不说明建筑艺术的文化内涵。

其次，对建筑艺术的表层欣赏。指的是对建筑形式美的总体知觉，这里主要是人对建筑的视觉形态的"形、光、色"视觉要素的初步分辨与基本感受。"形"通常指物体的形状或形体，即前面所提的建筑形式。建筑的形大体上可分为"实体的形"与"空间的形"两大类。我们在欣赏建筑时要形空结合，形（实体）的要素限定着空间，决定着空间的基本格式和性质，而不同形体的空间又有着不同的性格和情感表达，给人不同的视觉感受。

最后，对建筑深层欣赏。对于建筑艺术的欣赏，不应只停留在其表层的欣赏，要理解和体会其内涵，因此需要转入欣赏的第二阶段，即深层欣赏。在这一阶段，不仅能欣赏建筑本身的形式美，还能从这些形式美中感受到某些气氛、意境，甚至对其风格、设计意图及风格的产生和文化历史背景等有较为深入的了解。

相关链接

北京故宫

北京故宫是明清两代的皇宫，又称紫禁城。历代宫殿都"象天立宫"以表示君权"受命于天"。由于君为天子，天子的宫殿如同天帝居住的"紫宫"禁地，故名紫禁城。故宫始建于明永乐四年（1406年），永乐十八年（1420年）建成。历经明清两个朝代24个皇帝。故宫规模宏大，占地72万平方米，建筑面积15万多平方米，有房屋9999间，是世界上最大最完整的古代宫殿建筑群。为了突出帝王至高无上的权威，故宫有一条贯穿宫城南北的中轴线，在这条中轴线上，按照"前朝后寝"的古制，布置着帝王发号施令、象征政权中心的三大殿（太和殿，中和殿，保和殿）和帝后居住的后三宫（乾清宫，交泰殿，坤宁宫）。在其内廷部分（乾清门以北），左右各形成一条以太上皇居住的宫殿——宁寿宫，和以太妃居住的

宫殿——慈寿宫为中心的次要轴线，这两条次要轴线又和外朝以太和门为中兴，与左边的文华殿，右边的武英殿相呼应。两条次要轴线和中央轴线之间，有斋宫及养心殿，其后即为妍妃居住的东西六宫。出于防御的需要，这些宫殿建筑的外围筑有高达10米的宫墙，四角有角楼，外有护城河。故宫最引人注目的建筑是作为入口的天安门和作为正殿的太和殿。

古罗马竞技场

意大利古罗马竞技场，亦译作罗马大角斗场、罗马斗兽场、罗马圆形竞技场，原名弗莱文圆形剧场。建于公元72至82年间，遗址位于意大利首都罗马市中心。从外观上看，它成正圆形；俯瞰时，它是椭圆形的。可以容纳近九万人数的观众。围墙共分四层，前三层均有柱式装饰，依次为多立克柱式、爱奥尼柱式、科林斯柱式。从功能、规模、技术和艺术风格各方面来看，罗马斗兽场是古罗马建筑的代表作之一。斗兽场的建筑设计并不落后于现代的美学观点，而事实上，大约2000年后的今天，每一个现代化的大型体育场都或多或少地烙上了一些古罗马斗兽场的设计风格。如今，通过电影和历史书籍等媒介，我们能更深切地感受到当时在这里发生的人与兽之间的残酷格斗和搏杀。斗兽场在建筑史上堪称典范的杰作和奇迹，以庞大、雄伟、壮观著称于世。现在虽只剩下大半个骨架，但其雄伟之气魄、磅礴之气势犹存。

中外著名建筑艺术作品图片欣赏

中国国家体育场鸟巢

澳大利亚悉尼歌剧院

希腊雅典卫城

埃及金字塔

活动训练3　体验建筑美

在校园或家乡选择具有特色建筑，向身边的人描述建筑之美。

1. 说出该建筑作品的总体印象。
2. 详述该建筑作品的造型结构特点（包括内、外结构）。
3. 详述该建筑在色、光方面的特点及与周围环境的联系。
4. 通过联系该建筑的使用功能及当地生活和文化介绍该建筑的总特征。

拓展阅读

中西方绘画艺术的不同

中国画和西洋画不一样，有一个很大的不同点。中国画重"写意"，画的是意境，所谓诗中有画、画中有诗。西洋画重"写实"，画的是表象的、理性的。

中西方绘画的表现手法不同，主要体现在造型、空间和色彩等方面。

(1)造型手段。中国画的造型手段是线。通过在创作中积累出的各种不同的线，抒写自己的胸怀，抒写心中独有的山川。线在中国画家的笔下有极深刻的含义，往往是将许多繁复的事物，仅仅通过几条富有生命力的线表达出来。西方画家在描绘眼中的事物时，是将它们当作面来理解的。面对于塑造形体要优于线，线表现得较为抽象，而面似乎要具象一些，表现出的东西更容易让人理解。西方画家为了靠拢真实的世界，在艺术实践中选择了这种造型手法。

(2)造型特点。在造型上提倡不拘于形似甚至"妙在似与不似之间"，是中国画又一突出特点。中国画对形象的塑造是为了作者的抒情达意，所以中国画家敢于舍弃对象外在的形态，敢于为了强化作者感情的表达而进行一些恰到好处的艺术夸张。同样，作为一种艺术语言，西方的油画包括色彩、明暗、线条、肌理、笔触、质感、光感、空间、构图等多项造型因素，所有这些就是为了更完美地表达出作者的视觉感受。

（3）空间。在空间观念的认识上，中西方绘画上相差迥异。中国画所要求的画面意境是以有限的画面，表达无限的空间。西方绘画所描摹的自然就是在"二维的平面空间虚幻地追求三维空间的真实感"，所以，他们对于空间理念的认识，就是对自然存在的空间的认识，即科学的空间，并不能像中国画家那样脱离真实自然的约束。"绘画成为人们认识自己、反思生活的一种形式"。

（4）色彩。中西方绘画在色彩运用和对色彩的感受上显然有所不同。中国传统的绘画是以墨调色，与西方绘画以油色烘染出的立体感、明暗透视等有巨大差异，在厚与薄、深与浅、淡与浓等多组矛盾中求得视觉性效果。中国的绘画艺术以直觉的方式来感觉色彩的万千变化，而西方绘画艺术，整体上则是倾向于光学意义上的，更加富于几何精神和理性的思考。

课外活动设计

1. 摄影

以建筑或者城市雕塑为拍摄题材，用相机或者手机记录下来。

要求：要有全景，局部，多角度取景，每个作品拍5~8张，并且附加30字左右的作品说明，同时描绘出自己看到时的感受。

2. 走进博物馆

利用节假日，到博物馆和美术馆去欣赏美术作品。不方便到达的场馆也可以登录博物馆或者美术馆的官方网站进行在线欣赏。根据看到的作品，写出观后感，并选择你感兴趣的作品与身边人一起分享或讨论，重在提高自己的欣赏敏锐度和观后感的真实表达。

我感兴趣的作品是＿＿＿＿＿＿＿＿，我的感受是（关键词或句）＿＿＿＿＿

＿＿＿＿＿＿＿＿＿＿＿＿＿＿＿＿＿＿＿＿＿＿＿＿＿＿＿＿＿。

第十六课　感受音乐美

生活中，音乐无处不在。音乐以其特有的方式直接作用于听觉，影响我们的情绪。好的音乐不仅能够带给人以听觉美的享受，还能够愉悦身心、振奋精神、陶冶情操，对人的成长有积极的作用。作为青年学生，应该走近音乐、了解音乐、欣赏音乐，享受音乐所带给我们的美好感受。

案例导入

韶乐，史称舜乐，起源于 5000 多年前，是一种集诗、乐、舞为一体的综合古典艺术，优美至极。《论语》记载："子在齐闻韶乐，三月不知肉味。"孔子出使齐国，正逢齐王举行盛大的宗庙祭祀。孔子亲临大典，痛快淋漓地聆听了三天韶乐的演奏，如痴如醉，终日弹琴演唱，常常忘形地手舞足蹈，一连三个月，睡梦中也反复吟唱，吃饭时也在揣摩韶乐的音韵，以至于连他一贯喜欢的肉的味道也品尝不出来了。孔子本身也是音乐大师，他曾经非常形象生动地描述过音乐的演奏过程，对于音乐，孔子钻研到如此地步，不仅熟习乐曲，熟练掌握弹奏的技法，而且能够从中领会乐曲的意蕴志向，

甚至体会到了乐曲作者之为人。看来，对于至美的音乐，孔子"三月不知肉味"绝不是夸张之辞了。

议一议

1. 古代"六艺"包括"乐"，除了孔子，你还能举出哪些古人在音乐方面的例子？

2. 在生活中，你遇到喜欢的音乐时有什么样的表现？

温馨提示

音乐之目的有二：

一是以纯净之和声愉悦人的感官；

二是令人感动或激发人的热情。

——〔英〕罗杰·诺斯

一、走近音乐

1. 什么是音乐

日常生活中，我们常接触到各类音乐。物体规则震动发出的声音，称为乐音。由有组织的乐音来表达人们思想感情、反映现实生活的一种艺术就是我们所说的音乐。在人类还没有产生语言时，就已经知道利用声音的高低、强弱等来表达自己的想法和感情。随着人类劳动的发展，逐渐产生了统一劳动节奏的号子和相互间传递信息的呼喊，这便是最原始的音乐雏形；

劳动号子

当人们庆贺收获和分享劳动成果时，往往敲打石器、木器以表达喜悦、欢乐之情，这便是原始乐器的雏形。

2. 音乐语言的表现

音乐是听觉的艺术，它通过有组织的乐音形式的艺术形象来表达我们的思想感情，让我们感受到音乐的美。欣赏音乐需要了解"音乐的语言"，也就是音乐的表现要素。

要素一：节奏

音乐的节奏常被比喻为音乐的骨架，常说的"节拍"是音乐中的节奏按照强拍和弱拍周期性地、有规律地重复进行。不同乐曲的节奏常常能够带给我们不同的韵律感受，为音乐表现提供了动力和感情色彩。通常说的"二拍子"常出现在铿锵有力的进行曲中，"四拍子"常出现在旋律舒缓的抒情曲中，"三拍子"常常出现在优雅的圆舞曲中。

要素二：旋律

旋律又称曲调，是按照一定高低、长短和强弱关系组成的音的线条，是塑造音乐最主要的手段，也是音乐美的基本形象。在欣赏音乐时最直接感受到的就是旋律，能够记住和哼唱的也是旋律。旋律的走向可以与情感动态相联系，从而使人体验到某种情绪。一般来说，上行的旋律常表现兴奋高涨的情绪，下行的旋律常表现情绪的松弛和低落。

要素三：和声

和声是两个以上不同的音，按一定规律同时结合所产生的音的共鸣。如果说旋律是乐曲横向的前进，那和声就是带动乐曲纵向发展的动力，和声的发展给音乐带来了无穷的变化，推动着音乐进行中的"起、承、转、合"，极大地丰富了音乐的表现力。

要素四：音色

音色即音的色彩性。不同的乐器都有其不同的音色，不同的人音色也不相同，多样化的音色为音乐增添了多彩的魅力，也会为聆听者带来不同的感受。

活动训练 1

(1)聆听乐曲片段，试着说出乐曲的节拍。

《蓝色多瑙河》、《义勇军进行曲》、《感恩的心》。

(2)聆听音乐片段，你能说出以下乐曲是用什么乐器演奏的吗？并谈谈这种乐器的音色带给你的感受。

《天鹅》	圣·桑
《二泉映月》	华彦钧
《爱的罗曼史》	纳西索·耶佩斯
《梁山伯与祝英台》	陈钢

二、音乐的分类

音乐的种类繁多，我们可以大致对音乐进行以下分类：

按音乐的形式	声乐、器乐
按国别	中国音乐、外国音乐
按时代	古典音乐、现代音乐
按有无标题	有标题音乐、无标题音乐
按体裁	合唱曲、组曲、交响曲、进行曲、舞曲、圆舞曲、协奏曲、幻想曲、夜曲、序曲；说唱音乐、歌剧音乐、舞剧音乐、影视音乐等
按照类型	民间音乐、艺术音乐、流行音乐等

三、感受音乐美

1. 音乐带给我们什么

（1）描绘现实，展现画卷

走进大自然，听到森林中悦耳的鸟鸣，河流的流水潺潺，山涧洞穴的叮咚回响……音乐起源于对现实的模仿，描绘现实是音乐的一个功能。音乐将独特的语言要素——节奏、旋律、和声、音色等进行变化组合，形成其独特的音响和独特的动态形式，来塑造生活中的各类形象。

（2）引发共鸣、激发想象

许多人都有这样的经历，听到一段似曾相识的旋律，头脑中涌现出往日的记忆，或者是听到一段旋律，头脑中出现一幅幅想象的画面。任由思想驰骋在音乐中，我们不知不觉便沉浸其中……这其实就是音乐独特的作用和力量，音乐的旋律直接作用于我们的听觉，引发我们内心的共鸣，激发我们的想象力，让我们体验到音乐的独特力量。

（3）源于生活，抒发情感，美的享受

人类的音乐包括在劳动中有节奏的呼唤，对渴望的、未知的事物的幻想祈祷，男女间爱慕的倾诉，生活里喜怒哀乐的情感表现，等等，这些都可以说明音乐是源自人们生活，表现人的感情、抒发感情、寄托感情的艺术。不论是歌唱、弹奏还是聆听、创作，都

与我们的情感相联系。音乐作品可以表达和寄托作曲者的情感，激发听众内心的情感，可以认为，音乐是对人类情感的模拟和升华。

音乐具有调节心理、情绪的作用，通过聆听音乐，可以振奋情绪，舒缓情绪，并从中获得或快乐、或悲伤、或振奋的情绪体验，在紧张焦虑的时候，听一些轻松音乐可以帮助我们放松紧张的情绪。

活动训练 2

说说你所听过的歌曲中，有哪些表达了下列的感情。

所表达的感情	歌 曲
爱国情	我的中国心、中国人、精忠报国
亲情	父亲、亲亲我的宝贝
友情	朋友、再见
爱情	牵手、风雨无阻
歌颂大自然	青藏高原
歌颂真情	爱的奉献
励志	我相信、水手
民族情	辣妹子、刘三姐

2. 学会欣赏音乐

音乐是滋润心灵的雨露，我国古代曾经提倡礼乐治国。可见音乐修养对与人类成长成才的重要性。音乐欣赏是以音乐作品为对象，通过聆听的方式和其他辅助手段——如阅读分析乐谱和有关背景材料来领略音乐的真谛，从而得到精神愉悦的一种审美活动。欣赏音乐要做到以下几方面：

（1）聆听，自由想象

在欣赏音乐的时候，首先要寻找一个良好的聆听环境，尽量保证安静。在欣赏的过程中，保持注意力集中，在此状态下更有利于用心去感受音乐，展开自由的想象，获得更为丰富的音乐体验。此外，还要积极拓展视野，丰富生活阅历，提高自身的文化层次修养。

（2）学习音乐的基本常识

欣赏音乐应该熟悉一些音乐的基本常识，如前面所介绍的音乐语言的基本要素——节奏、旋律、和声、音色，了解不同的音乐语言所表现的音乐的特征以及音乐的结构形式，有利于从理性的角度更加全面深入地感受音乐。

绝大多数音乐作品都会反映出不同的时代背景和社会背景，其中蕴涵着创作者的创作动机，寄托了各类情感。了解如作曲家生平、时代背景、创作动机、音乐表现手法的特点等相关的音乐背景常识，也有利于更好地理解和感受音乐作品。

相关链接

德国著名作曲家贝多芬（1770—1827年）一生坎坷，26岁时听力逐渐衰退，40岁时完全失去了听力。此外加之爱情的失意、耳聋的折磨、精神的痛苦，贝多芬变得越发恐惧、悲愤、绝望，甚至写下了一份遗嘱。贝多芬最终选择与残酷的命运作斗争，步履坚定地从绝望中走出来。对生命价值认识上的重大飞跃，成为他在以后的生命中辉煌创作的巨大动力。重新迸发的激情与活力使贝多芬又投入到创作之中，他把自己的创作理解为巨大的行动力量，而他创作的目的只有一个："使人类的精神迸发出火花。"在失聪后他创作出了许多流芳百世的作品，例如第五交响曲《命运》。这是一部光明战胜黑暗，英雄意志战胜宿命论的壮丽凯歌。贝多芬对乐曲的主题这样写道"这是命运的敲门声"，"我要扼住命运的喉咙，它休想使我屈服"。音乐中反复不同的主题，表达了只要有机会，人们就要与残酷的命运作斗争并且要有坚持不懈的精神。尽管残酷的命运有会占据上风，但人们坚持抗争，对胜利充满信心，最终取得了胜利。

（3）提高自身的艺术修养

提高自身的艺术修养首先需要树立正确的世界观。世界观同人们的整个精神世界——心理状态、道德观、艺术趣味、审美能力等紧密地联系在一起。只有正确的观念作指导，我们才能领会艺术作品的艺术美和艺术作品所表达的思想感情。除此之外，艺术鉴赏能力是需要长期熏陶的，不是短时间就能具备的。这就需要我们多听、多看、多接触古今中外的优秀作品，不断提高审美趣味，加强审美感受。提高自身的艺术修养是提高个人魅力的基础，也是需要长期积累的，需要坚持不懈和持之以恒。

温馨提示

艺术的真正意义在于使人幸福，使人得到鼓舞和力量。

——〔奥〕海顿

音乐，是人生最大的快乐；音乐，是生活中的一股清泉；音乐，是陶冶性情的熔炉。

——冼星海

相关链接

"巴洛克"艺术形式

"巴洛克"是指17世纪至18世纪前半叶的欧洲视听艺术，原指不规则的、怪异的珍珠，并首先用于美术，表明这个时期的艺术是追求个性、充满着积极的想象。"巴洛克"音乐追求强烈的感情、明显的动力，是与"巴洛克"美术同时兴起的音乐，同样采用了"巴洛克"一词，说明当时的音乐与时代思潮以及与其他艺术有着密切的关联。

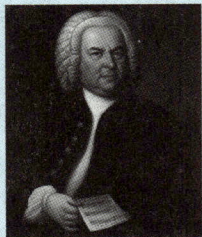

"巴洛克"音乐代表人物约翰·塞巴斯蒂安·巴赫

（4）积极参与音乐活动

有音乐伴随的生活是美好的，日常生活中有多种多样的音乐活动，除了寻找机会多聆听音乐外，还可以参与到音乐活动中，例如与歌唱相关的活动，可以独自哼唱，也可以当众演唱。卡拉OK是现今非常流行的一种音乐娱乐活动，与亲朋好友一起歌唱，放松心情的同时还可以增进彼此的感情，是非常理想的音乐活动。我们还可以加入到合唱活动中去，体会与他人合作的歌唱带给我们的独特音乐感受。此外，我们也可以尝试进行音乐的创作活动，对没有受过专业音乐训练的人而言，即兴哼唱一段旋律，敲击出一段节奏，创作一首简单的歌曲，都可以从中享受到乐趣。

（5）学会选择音乐

选择让自己感觉舒服的音乐

音乐直接作用于我们的听觉，影响我们的情绪，有些音乐违背了我们的生理节律，听起来会感到不舒服，如感到头疼、烦躁、流汗等，会损害我们的身心健康。因此，我们应该选择哪些听起来让我们感到舒适的音乐，避免接触那些听起来如同噪声般单调、令人沮丧压抑，感到不适的音乐。

当我们心情沮丧低落时，我们可以选择哪些音乐？

当我们感到心情焦虑时，我们可以选择哪些音乐？

当我们感到恐惧时，我们可以选择哪些音乐？

选择内容健康向上的音乐

中职生正处于身心发展、世界观、人生观形成的关键时期，可以借助音乐的作用来培养丰富而高尚的感情，以及丰富的想象力，为自身良好的艺术审美素养打下基础，促进我们更加健康地成长和发展。

中职生平日聆听和演唱歌曲较多，尤其是通俗流行歌曲，并能够通过歌词来了解歌曲所要表达的内容。但有的歌曲渲染着悲观厌世情绪，有的歌曲充斥着下流污秽的语言，有的歌曲宣扬暴力极端的观点，有的歌曲看似批判现实但却传递着歪曲、错误的价值观等。这些歌曲却被许多中职生传唱着，歌词在不知不觉中深入我们的内心，影响着身心健康和审美情趣。因此，我们应尽量选择曲调和谐优美的音乐，歌词积极向上的歌曲聆听，避免接触内容不健康的歌曲，培养良好的聆听音乐的习惯和较高层次的音乐审美情趣。

活动训练 3

发挥想象，自编一段歌曲，表现以下形象或情感：

小鸟在林间嬉戏。

小乌龟在向前爬行。

你正在去郊游的路上，心情很不错。

被朋友误解，心情低落。

相关链接

分辨"通俗"的和"庸俗"的音乐

当今中外音乐形式多种多样，许多优秀的音乐作品不断涌现。听音乐本来就是一个带有个人喜好倾向的行为，不能简单地说哪种音乐好，哪种音乐不好，不同的人听同一个音乐作品会获得不同的感受。但我们需要具备一定的鉴别能力，将音乐中的"通俗"的"庸俗"进行区分，更多地接受良好音乐的影响。但对于缺乏一定艺术修养和音乐基础的人来讲，确实难以分辨，也不是一朝一夕就能做到的事情。这需要音乐教育、家庭教育、社会氛围的共同影响和作用，不断提高自身审美情趣和音乐素养。因此，作为中职生，只要积极地去拓宽自己的视野，多找机会接受音乐教育，多与懂音乐的人士交往，通过阅读相关的书籍，更多地去了解相关知识，鉴别能力会不断提高的。

选择多样的音乐作品和"不朽"的音乐作品

听音乐时，我们不应仅局限于聆听流行音乐的范畴中，而应该多接触各类音乐，更多地了解我国的民族、民间音乐。我们的祖国幅员辽阔，各地域、各民族音乐形式丰富多样，每个地方的音乐都有浓厚的特色，能够体现当地人民的文化和精神。通过此类音乐，不仅能够激发爱国情感，而且能够提升自身的音乐素质。

俄国作曲家柴可夫斯基　　　　　　　　德国作曲家贝多芬

说到音乐欣赏，就一定要提到西方古典音乐。其实我们对很多经典的西方古典音乐作品并不陌生，例如贝多芬的《命运交响曲》《献给爱丽丝》，约翰·施特劳斯的《拉德茨基进行曲》，柴可夫斯基、海顿、莫扎特的交响曲等，只是有时不知道这些曲名和作曲家而已。这些音乐作品流芳百世，极具生命力和感染力，因此被奉为"经典"。我们在欣赏音乐时，多挑选这类经典作品，在欣赏的同时关注一下乐曲相关的背景知识，也是增加自身的音乐艺术修养的好的途径。

奥地利作曲家莫扎特

奥地利作曲家海顿

相关链接

养成良好的聆听音乐的习惯

心理学研究表明，一种行为只要不断地重复，就会成为一种习惯。经常聆听一定内容的音乐也会成为一种习惯，进而影响潜意识，在不知不觉中改变我们的行为。通过接触积极、健康、美好的音乐能够获得美好的体验，帮助我们塑造高尚的情操；经常接触不健康的、歌词低俗音乐，也会形成习惯，影响思想和行为。

拓展阅读

民族音乐

中国少数民族音乐是整个中华民族音乐文化不可分割的重要组成部分。我国56个民族都能歌善舞，均拥有本民族创造和传承下来的优秀而独特的音乐。早在五千年前，由黄河和长江等大河流域融汇而成的华夏音乐文化，不断吸收少数民族音乐的精粹，体现出多元起源和混合发展的态势。

和汉族一样，少数民族的音乐的表演形式可分为民间歌曲、民间器乐、民间歌舞、民间说唱艺术、民间戏曲音乐。民间歌曲，是少数民族人民用以表达思想、感情、意志和愿望的艺术形式。许多少数民族地区被称誉为"歌海"、"音乐之乡"，歌声伴随着他们的劳动生产、社交、娱乐等活动。情歌在少数民族民歌中占有很大比例，如在草原、山野、森林、月光下、火塘边，都荡漾着优美动听的歌声。

少数民族中都有各自的民间乐器和乐曲。据不完全统计，各种民族乐器达五百余种，其表现性能丰富多样。各民族的民间乐曲均含有独奏曲和合奏曲。民间歌舞是少数民族音乐与舞蹈有机结合的艺术形式，如极具特色的鼓舞、跳乐、踏歌等。

如此丰富多彩的少数民族的歌舞构成了我国少数民族光辉灿烂的音乐文化，在中华民族音乐史上占有显著的地位。随着时代前进的步伐，少数民族音乐还会不断创造发展，必将在未来的岁月中更加发扬光大。

交响乐

交响乐曲的名称源出希腊语，原意为"一齐响"的意思。交响乐曲式结构宏大，乐队庞大齐全，有强大的音响力量，加上丰富多彩的音乐变化，乐队的表现力能得到高度发挥，因此善于表现丰富而复杂的感情，对于大自然的诗情画意的描绘更是具独特的效果。因此，交响乐具有强烈感染力和艺术魅力。

交响乐中有一类叫"音画"的，以描写自然界及生活的景物为主要内容，比较通俗易懂，如德国作曲家贝多芬的《田园交响乐》，法国作曲家德彪西的《大海》等。欣赏这些作品，同时赋予丰富的想象，无形之中可以让我们感受到大自然和生活的美好。

维也纳金色大厅

交响乐中有一类叫"舞曲"，这类音乐作品大多描写风俗性的节日欢乐活动，有载歌载舞的特点。如奥地利的约翰·施特劳斯的四百余首圆舞曲，捷克作曲家德沃夏克的《斯拉夫舞曲》，德国作曲家勃拉姆斯的《匈牙利舞曲》，我国作曲家刘铁山，茅沅的《瑶族舞曲》等，都属于交响舞曲。

在交响乐曲中，有一类有故事情节的，一般均有标题或每乐章有小标题。此类乐曲大多取材于民间熟悉的、广泛流传的戏剧、诗歌、传说、神话、小说、故事等，如法国乔治·比才的《卡门组曲》取材于文学作品，充分发挥音乐的功能，以抒发人物的细致内心感情为主要手段，让聆听者受到音乐的触动。

　　交响乐中，有一类无故事情节的，也不描写景色，但它通过音乐手段，反映了人们非常细腻的、丰富的、富于变化的感情起伏。此类音乐无标题，反映的是某个特定的社会中，人们对社会的看法和希望。如贝多芬的《命运交响曲》，柴可夫斯基的《悲怆交响曲》等。欣赏这类交响乐，必须对作曲者所处时代、环境、经历、遭遇、身世等有所了解，同时还要了解写作动机以及乐曲的基本内容，这样才能在欣赏时，随着乐曲感情的起伏变幻，形成情感和内心的共鸣。

课外活动设计

　　1. 尝试为一首乐曲填写歌词，试着唱给朋友和家人听。

　　2. 去观看一场音乐会，可以是器乐演奏，也可以是声乐演唱或是合唱，谈谈自己观看后的体验和感想。